U0192277

Scratch

+ 数学与算法进阶

/ 邱永忠 著 /

电子工业出版社

Publishing House of Electronics Industry

北京 · BEIJING

内 容 简 介

本书是一本 Scratch 3.0 的进阶书籍，阅读本书需要具备一定的 Scratch 语法基础，例如，变量、赋值、数学运算符、逻辑运算符、条件判断、循环、列表、自制积木等，还应熟悉流程图的概念。

本书分五章，共 30 节，包括 35 个任务和 26 个实战练习。每节以一个任务引领，将数学公式、原理与编程相结合，引领读者在奇妙的编程之旅中探索数学奥秘，轻松地走上算法进阶之路。

图书在版编目（CIP）数据

Scratch+ 数学与算法进阶 / 邱永忠著 . —北京：电子工业出版社，2022.7
（科技启智）

ISBN 978-7-121-43892-9

Ⅰ . ① S… Ⅱ . ①邱… Ⅲ . ①程序设计—少儿读物 Ⅳ . ① TP311.1

中国版本图书馆 CIP 数据核字（2022）第 123708 号

责任编辑：毕军志 文字编辑：宋昕晔

印　　刷：北京市大天乐投资管理有限公司

装　　订：北京市大天乐投资管理有限公司

出版发行：电子工业出版社

　　　　　北京市海淀区万寿路 173 信箱　邮编　100036

开　　本：787×1 092　1/16　印张：10.5　字数：233.8 千字

版　　次：2022 年 7 月第 1 版

印　　次：2024 年 7 月第 4 次印刷

定　　价：69.00 元

凡所购买电子工业出版社图书有缺损问题，请向购买书店调换。若书店售缺，请与本社发行部联系，联系及邮购电话：（010）88254888，88258888。

质量投诉请发邮件至 zlts@phei.com.cn，盗版侵权举报请发邮件至 dbqq@phei.com.cn。

本书咨询联系方式：（010）88254416。

"今有鸡翁一，值钱伍；鸡母一，值钱三；鸡雏三，值钱一。凡百钱买鸡百只，问鸡翁、母、雏各几何？"

——张丘建《张丘建算经》

一千五百多年前，中国古代数学家张丘建提出了经典数学问题——百钱百鸡问题。假设有公鸡 x 只，母鸡 y 只，小鸡 z 只，列方程式如下：

$$\begin{cases} x + y + z = 100 \\ 5x + 3y + \dfrac{z}{3} = 100 \end{cases}$$

这是个三元一次方程组，说明符合条件的方案不止一种。

怎么样才能快速得出满足条件的购买方案呢？

别急，我们有计算机来帮忙！

Scratch 项目的负责人凯伦·布雷南曾说过："我们的目的不是要创建电脑程序编写大军，而是帮助电脑使用者表达自己。" Scratch 3.0 作为适合青少年使用的图形化编程语言，含有丰富的数学处理指令，可以将抽象的问题转化为编程思维；将复杂的公式通过程序代码表达出来。使用 Scratch 创建一段代码，百钱百鸡问题就迎刃而解了。

Scratch 与数学相结合，通过算法的学习，使小读者在学习编程的同时强化数学素养，从而拓展思维。例如，利用海伦公式求三角形面积，快速分解质因数，输出斐波那契数列的任意项，展示哥德巴赫猜想的部分结果，等等。

邱永忠

使用说明

本书学习的 Scratch 3.0 软件，可在压缩包中下载 "Scratch Desktop Setup 3.6.0.exe" 软件，并进行安装。

本书图片中的代码，可在压缩包的 "代码" 文件夹中找到，包括 35 个任务代码和 26 个实战代码，按序号查找，例如，任务 3 对应书第 8 页任务 3 求圆的周长和面积的代码。

★ 如果您有任何问题或意见，请发送邮件到 **bijunzhi@phei.com.cn** 或添加 "课程小助手" 的微信。

安装包和代码素材

课程小助手

目 录

第一章
公式篇

程序最基本的作用就是代替人脑和笔算，帮助我们进行数学运算，快速满足我们的需求。搭建公式，利用程序实现数学运算，感受编程的魅力与神奇。

第一节　赋值与四则运算

学习目标

如图 1-1 所示，Scratch 3.0 软件的界面左侧是模块区，由运动模块、外观模块、声音模块等组成。每个模块又包含许多指令，这些指令分为两类：一类是功能指令；一类是编程语言最基础的原生指令，即赋值指令。

本节学习如何在 Scratch 中根据数学公式搭建赋值指令。

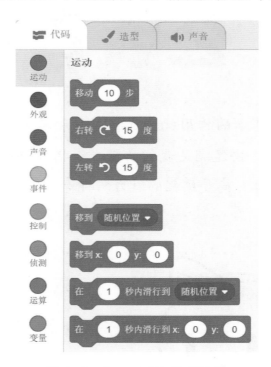

图 1-1　Scratch 3.0 的模块区

基本原理

赋值是将某一数值赋给某个变量的过程。Scratch 中的赋值指令是

。

1. 积木含义

积木 的功能是把一个数值放入变量"我的变量"中。

为了方便描述，可定义作为目标的变量为"左值"，需要放入的数值为"右值"。数据是按从右向左的方向传递的，即将右值传递给左值。

2. 示例

赋值指令的左值，必须是一个变量。

赋值指令的右值，可以是一个常量、变量或表达式。无论哪种形式，最终都会将一个数值放入左值中。

例如，对于 a 的赋值，有以下三种情况。

（1）赋值为数值（常量）。积木 将 a ▼ 设为 5 中的右值"5"是常量。

（2）赋值为变量。积木 将 a ▼ 设为 b 中的右值"b"是变量。

（3）赋值为表达式。积木 将 a ▼ 设为 b + 1 中的右值"b+1"是表达式。

左值就像一个装东西的盒子，无论右值是常量、变量或者需要"加工"的表达式，都可以使用赋值语句放到左值的盒子里。

3. Scratch 中的四则运算

加、减、乘、除是数学中的四则运算，也称算术运算。Scratch 中提供了四则运算的运算积木，如图 1-2 所示。

图 1-2 运算积木

在数学计算中，解答是按从左向右的方向完成的。例如，3+5=8、2×3=6，这里的等号"="两侧的值相等，等号"="还有一层解答的意义，这是一个从左向右的解答过程。

而赋值，则是一个从右到左的传递过程，许多的数学公式同样使用了等号"="，它的两侧同样有相等的关系，但这里的等号却有赋值的意义。

例如，$a=3+5$，用指令 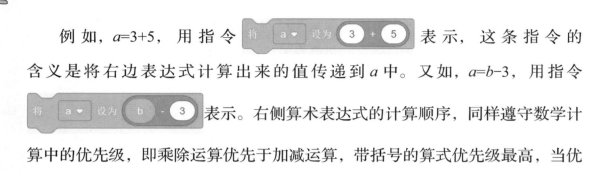 表示，这条指令的含义是将右边表达式计算出来的值传递到 a 中。又如，$a=b-3$，用指令

表示。右侧算术表达式的计算顺序，同样遵守数学计算中的优先级，即乘除运算优先于加减运算，带括号的算式优先级最高，当优先级相同时，按从左至右的顺序计算。

4. Scratch 中的混合运算

Scratch 的每个算术积木，已经整合了括号的功能。例如，以下几个公式各自搭建成赋值指令。

（1）$a=b+c\times 2$，先做乘法后做加法。

（2）$a=(b+c)\times 2$，先做括号里的加法，后做乘法。

（3）$a=b+c\times 5-7$，混合运算，乘除优先于加减，相同优先级的运算符则按从左至右的顺序计算。

（4）$a=bc$，在数学公式中，字母之间的乘号"$\times$"常常省略；在 Scratch 中，乘号用"*"表示。

（5）$a=\dfrac{b}{2}$ 是一个分数，读作"二分之 b"。在数学公式中，上下分隔线"—"表示除号；在 Scratch 中，"/"表示除号。

Tips

在变量模块中，还有一条指令 将 a 增加 1。

它是不是赋值指令呢？

本质上，它也是赋值指令，其功能是将 a 的值加 1 后，赋值给 a，

等同于指令 将 a 设为 a + 1。这个功能在 Scratch 中很常用。

为了使用方便，把 $a=a+1$ 专门做成一个新的指令。当变量增加的值为数值或变量时，可以使用这条指令。

▶ 任务1　搭建华氏度转摄氏度的公式

在美国，温度用华氏度表示，例如，80 ℉；而我国使用摄氏度表示温度，例如，30℃。

如果想知道 80 ℉是冷是热，将华氏度转换成熟悉的摄氏度即可，华氏度转摄氏度的公式如下：

$$C=（F-32）\times 5/9$$

其中，C 表示摄氏度；

F 表示华氏度。

搭建积木如下：

▶ 任务 2 搭建并联电阻的阻值公式

在电学中，两个阻值分别为 R_1 和 R_2 的电阻并联后的阻值为 R，公式如下：

$$R = \frac{R_1 R_2}{R_1 + R_2}$$

搭建积木如下：

小结

（1）赋值是编程语言中最基本的指令，赋值的过程是从右向左传递数值。

（2）算术运算应遵循括号、乘除、加减的先后顺序。

实战 1　求长方形的周长和面积

【要求】设长方形的两条边长分别为 a 和 b，周长为 C，面积为 S，输出长方形的周长和面积。

【提示】长方形的周长和面积的公式：

$$C=2 \times （a+b）$$
$$S=ab$$

第二节 圆的周长和面积

学习目标

假设在操场上，将一根绳子的一端固定在一个点上，手拿绳子的另一端，将绳子拉直，围绕固定的端点走一圈，就可以走出一个圆。

这一圈走过的距离，是圆的周长（C）；走这一圈路线之内形成的封闭区域的大小，是圆的面积（S）；固定绳子一端的点，是圆心；这条绳子的长度，是圆的半径（r）；经过圆心连接圆上两个点的直线，是圆的直径（d），直径是半径的两倍，如图 1-3 所示。

本节学习在 Scratch 中计算圆的周长和面积。

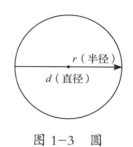

图 1-3 圆

基本原理

圆周率：圆的周长与直径的比，称为圆周率，符号为 π，$\pi = \dfrac{C}{d}$。

圆的相关计算都会用到圆周率。圆周率是一个常数，它是一个无限不循环小数，取值为 3.141 592 65…

1. 圆的周长公式：$C = 2\pi r$

公式中等号右边的常数和变量之间没有运算符，是相乘的关系，即 "$2 \times \pi \times r$"，π 的小数点后位数越多，计算的精度越高，一般取 3.141 59 即可。

搭建积木如下：

> 将 C ▾ 设为 （ 2 * 3.14159 ） * r

2. 圆的面积公式：$S = \pi r^2$

这里的 "r^2" 读作 "r 的平方"，其含义是自己相乘，即 "$r \times r$"，搭建积木如下：

> 将 S ▾ 设为 3.14159 * （ r * r ）

Tips ——乘方

n 个相同的数 a 相乘的计算，称为"乘方"，其结果称为"幂"，表达形式为"a^n"，读作"a 的 n 次方"或"a 的 n 次幂"。

二次方也称"平方"，三次方也称"立方"。

例如，"r^2"，读作"r 的平方"，等同于"$r \times r$"，搭建积木如下：

"r^3"，读作"r 的立方"，等同于"$r \times r \times r$"，搭建积木如下：

▶ **任务 3　求圆的周长和面积**

设圆的半径为 r，求圆的周长 C 和面积 S。询问并输入 r，输出 C 和 S 的值。

实现步骤

1. 新建变量

（1）变量 r：用于存放半径。

（2）变量 C：用于存放周长。

（3）变量 S：用于存放面积。

2. 定义变量

圆周率 π 的值在求周长和面积时都要用到，编程过程中经常会使用这个常量，有时还要调整 π 的值。例如，π 可能会取值为"3.14"，也可能取值为"3.141 592 6"，为了便于编写和修改程序，可以"宏定义"常量。

在 Scratch 的程序初始化位置，把圆周率放入一个变量中，实现一个"宏定义"。新建变量 PI 存放圆周率，搭建积木如下：

修改后圆的周长和面积的赋值指令，如图1-4所示。

图1-4 修改后圆的周长和面积的赋值指令

代码总览

求圆的周长和面积的代码，如图1-5所示。

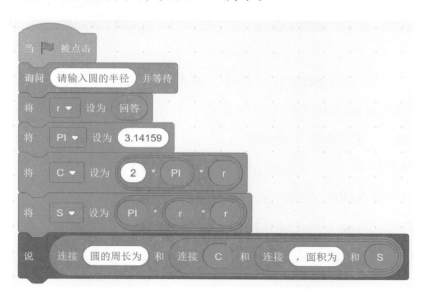

图1-5 求圆的周长和面积的代码

执行结果

单击 按钮，启动程序。输入 r 的值为1，输出圆的周长和面积，如图1-6所示。

图 1-6　输出圆的周长和面积

注意：（1）在运行 Scratch 程序时，本书选用的舞台背景是"Chalkboard"，读者可以根据自己的喜好选择不同的背景。

（2）在输入"1"后要单击舞台右侧的按钮 进行确认，程序才会运行。

实战 2　求球的体积

【要求】询问并输入球的半径，输出球的体积。

【提示】半径为 r 的球体，求解其体积 V 的公式：$V = \dfrac{4}{3}\pi r^3$。

第三节　海伦公式

学习目标

　　三角形的面积不仅可以通过底和高的长度得出，如果知道三角形的三个边长，同样可以求三角形的面积，这就要用到海伦公式。

　　本节学习在 Scratch 中用海伦公式求解三角形的面积。

基本原理

　　海伦公式又译作希伦公式，也称海伦——秦九韶公式。它是利用三角形的三条边的边长直接求三角形面积的公式。设三角形的三条边长分别为 a，b，c，如图 1-7 所示。

　　设三角形的面积为 S，海伦公式如下：

$$S = \sqrt{p(p-a)(p-b)(p-c)}$$

图 1-7　三角形

其中，$p = \dfrac{a+b+c}{2}$。这里的符号"$\sqrt{}$"称为"根号"，是求这个符号内部数值的"平方根"（二次方根），这个过程称为"开平方"。

Tips —— 平方根

　　如果 $a^2 = b$，b 是 a 的"平方"，a 则是 b 的"平方根"，也称"二次方根"，记为 $a = \sqrt{b}$。

　　在 Scratch 中，求平方根的积木在"运算"模块中，如图 1-8 所示。

图 1-8　平方根积木

▷ **任务 4　根据海伦公式，求三角形的面积**

　　询问并输入三个数代表三条线段的长度，如果能构成三角形，则输出三角

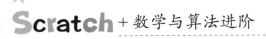

形的面积；否则输出"无法构成三角形"。

实现步骤

1. 新建变量

（1）变量 a，b，c：存放三条线段的长度。

（2）变量 S：存放三角形的面积。

（3）变量 p：计算过程中使用到的变量，即海伦公式中的 p。

2. 判断三角形能否成立

判断三条线段能否构成三角形，原理是"任意两条边的长度之和大于第三条边的长度"。

注意：此处的"任意"有三个关系表达式，如图1-9所示。

图 1-9　三个关系表达式

那么，这三个表达式之间是什么关系呢？根据三角形原理可知，这三种情况必须同时满足才能构成三角形，所以三个表达式在 Scratch 中是"与"的关系，如图 1-10 所示。

图 1-10　判断三条线段能否构成三角形的积木

3. 求三角形的面积

根据三条线段的长度 a，b，c 求解三角形的面积 S，可以分成两步，先计算 p，再根据公式计算 S，代码如图 1-11 所示。

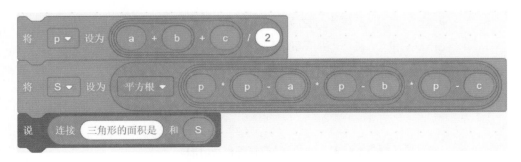

图 1-11　计算 p 和 S 的代码

流程图

求三角形面积的流程图，如图 1-12 所示。

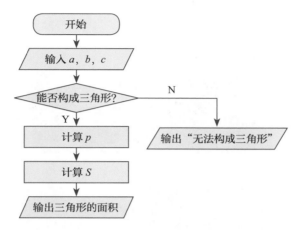

图 1-12　求三角形面积的流程图

代码总览

利用海伦公式求三角形面积的代码，如图 1-13 所示。

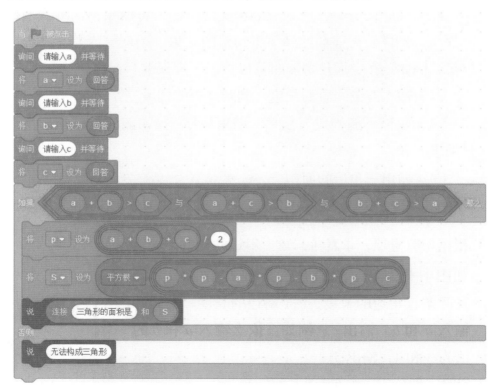

图 1-13　求三角形面积的代码

执行结果

单击 ▶ 按钮，启动程序。依次输入三条线段的长度 a，b，c 的值为 3，4，5，输出三角形的面积，如图 1-14 所示。

图 1-14　输出三角形的面积

小结

看到程序任务时，应先规划出实现步骤，再按照实现步骤来编写程序，这样做往往会达到事半功倍的效果，条理更清楚，不容易出错。例如，在完成任务 4 时可以按以下步骤编写程序。

（1）输入三条线段的长度，判断是否能构成三角形。

（2）如果不能构成三角形，结束程序；如果能构成三角形，再分别求 p 和 S。

（3）输出三角形的面积。

实战 3　根据勾股定理，求直角三角形斜边的长度

【要求】如图 1-15 所示，在直角三角形 ABC 中，a 和 b 是两条直角边的长度，c 是斜边的长度。询问并输入 a 和 b，输出 c。例如，依次输入 a 和 b 的值为 3 和 4，输出 5。

【提示】勾股定理公式：$a^2+b^2=c^2$。

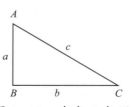

图 1-15　直角三角形

第四节 身体质量指数（BMI）测试器

学习目标

BMI（Body Mass Index），身体质量指数，是一个国际上常用的衡量人体胖瘦程度及是否健康的标准。

本节学习在 Scratch 中设计一个身体质量指数（BMI）测试器。

基本原理

1. 公式引入

BMI 的计算公式：$BMI = \dfrac{体重}{身高^2}$

其中，体重的单位为 kg；身高单位为 m。

2. 简单举例

假设某小学生身高 1.40m，体重 30kg，则他的 BMI 为 $30 \div 1.40^2 \approx 15.3$。这样的 BMI 值意味着什么呢？如表 1-1 所示为小学生 BMI 的等级对照表。通过表 1-1 可以知道，BMI 为 15.3，则该学生的身体指数在正常范围内。

表 1-1 小学生 BMI 的等级对照表

等 级	男 生	女 生
肥胖	>22.7	>22.1
超重	20.2（不含）～22.7	19.5（不含）～22.1
正常	14.2（不含）～20.2	13.7（不含）～19.5
偏瘦	≤ 14.2	≤ 13.7

▶ 任务 5 设计身体质量指数（BMI）测试器

询问并输入性别、身高和体重，计算 BMI 值，并输出相应的等级（偏瘦、正常、超重、肥胖）。

实现步骤

1. 新建变量

（1）变量"性别"：用于存放性别。

（2）变量"身高"：用于存放身高，单位 m。

（3）变量"体重"：用于存放体重，单位 kg。

（4）变量 BMI：用于存放 BMI 值。

2. 根据公式求 BMI 值

根据前面学过的搭建算术表达式的方法，搭建 BMI 的公式如下：

3. 根据求得的 BMI 值输出相应的等级

如图 1-16 所示，这部分的程序结构需要用一组嵌套的条件判断积木来搭建。

（1）用"如果 < > 那么……否则"积木将男生和女生分成两个分支。

（2）因为 BMI 分为四个等级，所以每个分支再用三组"如果 < > 那么……否则"积木分成四个等级。

根据 BMI 值输出等级，必然且只能落入四个等级中的一级。要保证不重不漏，则要先找出这几挡的分界点，如图 1-17 所示为男生 BMI 指数从上到下的等级划分。

当 BMI>20.2 时，可以直接判定为超重，不需要写成"BMI ≤ 22.7，且 BMI>20.2"。为什么呢？因为如果 BMI 的值大于 22.7 则会直接进入"肥胖"挡，所以只要 BMI 的值大于 20.2，就必定在 20.2 ～ 22.7 这一范围内。

第四挡不需要写条件。因为经过前面的判断，只剩下 BMI ≤ 14.2 的部分了，可以直接放入"否则"挡位。这样的判断结构，保证了对 BMI 值的判断必定会有且只有一个结果。同理也可以从小到大进行判断，那么就要用"<"。

男生部分的代码，如图 1-18 所示。

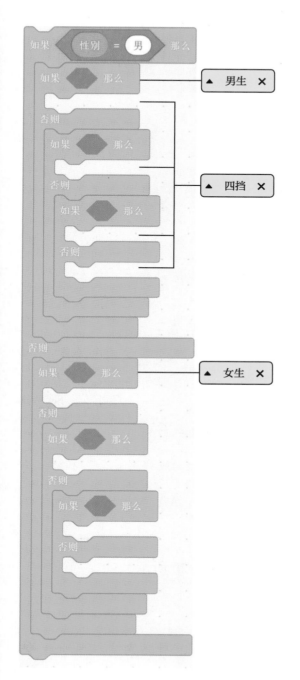

图 1-16 嵌套的条件判断积木

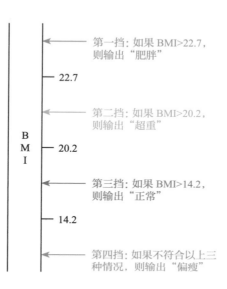

第一挡：如果 BMI>22.7，则输出"肥胖"

22.7

第二挡：如果 BMI>20.2，则输出"超重"

20.2

第三挡：如果 BMI>14.2，则输出"正常"

14.2

第四挡：如果不符合以上三种情况，则输出"偏瘦"

图 1-17 BMI 男生等级分界点

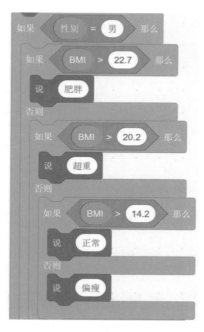

图 1-18 男生部分的代码

流程图

设计身体质量指数（BMI）测试器的流程图，如图 1-19 所示。

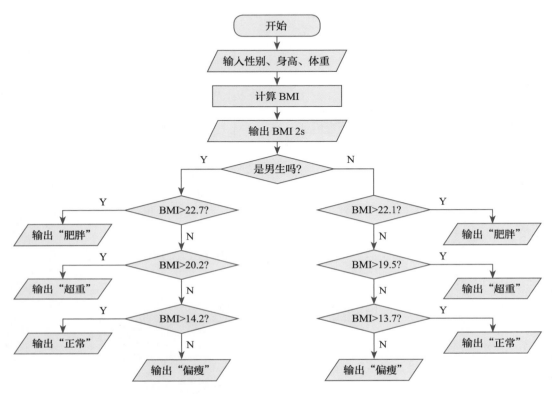

图 1-19　设计身体质量指数（BMI）测试器的流程图

代码总览

设计身体质量指数（BMI）测试器的代码，如图 1-20 所示。

执行结果

单击 🚩 按钮，启动程序。依次输入性别为"男"，身高为"1.45"m，体重为"40"kg，输出 BMI 等级为"正常"，结果如图 1-21 所示。

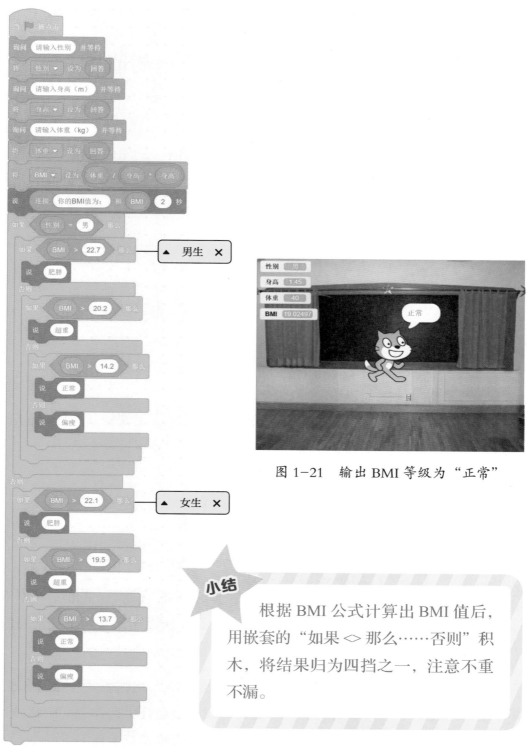

图 1-21 输出 BMI 等级为"正常"

⭐ **小结**

根据 BMI 公式计算出 BMI 值后，用嵌套的"如果 ◇ 那么……否则"积木，将结果归为四挡之一，注意不重不漏。

图 1-20 设计身体质量指数（BMI）测试器的代码

第五节　交换两个变量的值

学习目标

本节学习一个常用算法——交换两个变量的值。例如，有两个变量，初始值设为 $a=3$，$b=5$，交换两者的值后结果变为 $a=5$，$b=3$，交换变量值的示意图，如图 1-22 所示。

图 1-22　交换变量值的示意图

基本原理

1. 积木引入

如果直接使用两个赋值指令交换变量值，肯定会出现错误，错误的交换代码如图 1-23 所示。

图 1-23　错误的交换代码

图 1-23 中的第一条指令，把 a 赋值给了 b，b 的值等于 a 的值，b 原本的值已经丢失了。第二条指令，又将 a 的值赋值给了 a，所以结果是两个变量的值相同。

2. 简单举例

假设有两杯水，要如何交换这两个杯子里的水？这次肯定不会直接把一个杯子里的水往另一个杯子里倒了，而是会再找一个空杯子，作为"中转站"。

同理，交换两个变量值的步骤和交换两杯水的步骤是一样的。

（1）新建一个变量 t，作为这个"中转杯"。

（2）将变量 *b* 中的数值放入变量 *t* 暂存。

（3）将变量 *a* 中的数值放入变量 *b*。

（4）将变量 *t* 中的数值放入变量 *a*。

交换两个变量值的过程可以用三角结构来展示，如图 1-24 所示，图中的①，②，③表示执行交换的顺序。

交换两个变量值的代码，如图 1-25 所示。

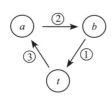

图 1-24　交换两个变量值的过程　　图 1-25　交换两个变量值的代码

　　图 1-25 中三条指令的顺序很重要，上面的例子是先将变量 *b* 暂存，也可以先将变量 *a* 暂存，把图 1-25 中的变量 *a* 和 *b* 的位置交换即可。要注意后面两条指令的顺序不能乱。代码虽短，却容易错，在做这个小代码时，建议先画出图 1-24 的三角结构，并标出顺序，再按照顺序搭建积木。

▶ 任务6　按从大到小的顺序输出两个变量的值

询问并输入两个整数 *a* 和 *b*，按照从大到小的顺序输出 *a* 和 *b* 的值，以逗号分隔。

设计思路

输入两个整数 *a* 和 *b*，比较 *a* 和 *b* 的大小。如果 *a*>*b*，按顺序输出 *a* 和 *b*；如果 *a*<*b*，则交换两个变量的值，先输出大值。

实现步骤 ✿

1. 新建变量

（1）变量 a 和 b：存放输入的两个整数。

（2）变量 t：用于在交换变量 a 和 b 过程中暂存数据。

2. 条件判断

因为输出时 a 是两数中的大值，所以首先判断 a 是否小于 b，如果 $a<b$ 则交换二者，否则直接输出 a 和 b，用一个单分支的条件判断语句即可实现。

流程图 ✿

从大到小输出两个变量值的流程图，如图 1-26 所示。

代码总览 ✿

从大到小输出两个变量值的代码，如图 1-27 所示。

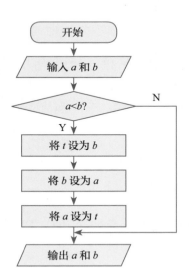

图 1-26 从大到小输出
两个变量值的流程图

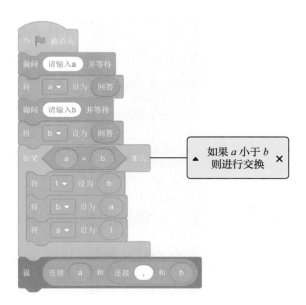

图 1-27 从大到小输出两个
变量值的代码

单击 🚩 按钮，启动程序。输入 a 的值为 3，b 的值为 4，从大到小输出 a 和 b 的值，如图 1-28 所示。

图 1-28　从大到小输出 a 和 b 的值

小结

交换两个变量的值的原理是用一个"中转"变量进行数据暂存。编写代码时尤其要注意图 1-25 中三条指令的顺序。

<h1 style="text-align:center">第六节 余数</h1>

学习目标

早在远古时代，人类就有了余数的概念，当带回来的食物不能平分时，剩余的部分就叫余数。余数在数学中有着重要的地位，由此产生出许多相关的概念，例如，奇偶数、倍数、约数、质数、完全数，以及哥德巴赫猜想等经典问题。

本节学习在 Scratch 中求余数。

基本原理

1. 余数的定义

余数是在正整数之间的除法中产生的。设有两个正整数 a 和 b，用 a 除以 b，会得到商和余数，在数学中的表示如下：

$$a \div b = q \cdots\cdots r$$

其中，a 称为"被除数"，b 称为"除数"，q 称为"商"，r 称为"余数"，它们都是整数。

例如，$5 \div 3 = 1 \cdots\cdots 2$。

从余数的概念我们可以知道：

（1）余数总是小于除数，如果被除数大于除数，则最大的余数是"除数 -1"。

（2）如果被除数小于除数，那么余数就等于被除数。

2. 积木引入

Scratch 提供了求余数的运算积木 ⬭ 除以 ⬭ 的余数 。表示输出 a 除以 b 的余数，积木搭建如下：

3. 简单举例

使用积木 ⬭ a 除以 b 的余数 可以求解 a 除以 b 的余数。那么如何得到商呢？用 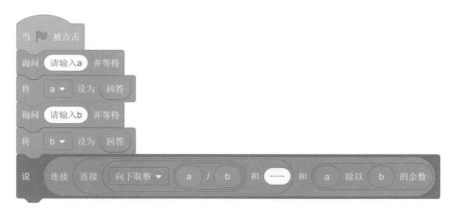 吗？如果不能整除，Scratch 会把这个除法的结果处理为小数，而商应该是个整数。所以把 a / b "向下取整"，使用积木 向下取整 a / b 即可将商转换为整数。

注意："向下取整"指令在平方根积木中，单击平方根旁边的下拉三角，切换为"向下取整"即可。例如，a=5，b=3 时，a÷b=1.6666…，向下取整后，得到整数 1。

任务 7 求余数

询问并输入两个正整数 *a* 和 *b*，输出 *a* 除以 *b* 的商和余数，以"……"隔开。

代码总览

求商和余数的代码，如图 1-29 所示。

图 1-29 求商和余数的代码

执行结果

单击 按钮，启动程序。输入 *a* 的值为 8，*b* 的值为 2，输出商和余数，如图 1-30 所示。

图 1-30 输出商和余数

Tips —— 整除和闰年判断

◎整除

（1）如何用 Scratch 积木判断整除呢？ 只须判断余数是否为 0。例如，判断整数 a 是否能被 4 整除，搭建积木如下：

（2）倍数和因子。对于正整数 a 和 b，如果 a 能被 b 整除（a 除以 b 的余数为 0），则称 a 是 b 的倍数，b 是 a 的因子（因数、约数）。

例如，8 除以 4 的余数为 0，8 就是 4 的倍数，4 是 8 的因子。

◎闰年判断

根据闰年规则"四年一闰，百年不闰，四百年一闰"，年份满足下列条件之一，则为闰年。

（1）能被 4 整除且不能被 100 整除（例如，2004 年是闰年，而 1900 年不是）。

（2）能被 400 整除（例如，2000 年是闰年）。

搭建积木如下：

实战 4　判断一个正整数是奇数还是偶数

【要求】输入一个正整数，判断这个数是奇数还是偶数，如果是奇数则输出"奇数"；如果是偶数则输出"偶数"。例如，输入 4，输出"偶数"；输入 5，输出"奇数"。

【提示】如果一个整数除以 2 的余数为 0，则这个数为偶数，否则为奇数。

第七节　数位分离

学习目标

常见的求余数的应用场景是数位分离，就是将一个整数各位上的数字分别提取出来，进行一些计算和处理。

本节学习在 Scratch 中将自然数进行数位分离。

基本原理

1. 两位数的数位之和

例如，有这样一个需求，询问并输入一个两位的整数 x，计算其个位与十位数字之和。假设 $x=25$，则输出 7（2+5=7）。

新建变量 a 用于存放十位上的数字，变量 b 存放个位上的数字。先来看个位，用 x 除以 10 的余数，即可得到个位数字，例如，$25 \div 10 = 2 \cdots\cdots 5$，搭建积木如下：

十位上的数字，就是 x 除以 10 的整数商，搭建积木如下：

输出两位数的数位之和，就是输出 $a+b$，搭建积木如下：

两位数的数位之和的代码，如图 1-31 所示。

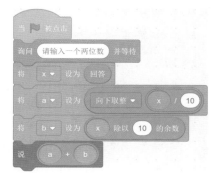

图 1-31　两位数的数位之和的代码

2. 三位数的数位之和的代码

假设 x 是一个三位数，例如，x=325，个数上的数字，仍是 x 除以 10 的余数。但十位数字不再是 x 除以 10 的商了，因为此时商是 32，而不是 2 了。要对这个商再次取除以 10 的余数，才可得到十位的数字 2，搭建积木如下：

对于一个三位数的百位数字，可以除以 100 再除以 10 取余数，也可以直接除以 100 并向下取整，结果是不变的，搭建积木如下：

3. 数位分离方法总结

按照以下方法求任意位数的整数部分：

个位的数字都是除以 10 的余数。

十位的数字是除以 10 的商，再取除以 10 的余数。

百位的数字是除以 100 的商，再取除以 10 的余数。

……

注意：在已知位数的情况下，最高位的数字可以不用再对 10 取余数。

 Tips ——— 利用字符串进行数位分离

在 Scratch 中，还有一种方法可以进行数位分离，即利用字符串的字符来实现。Scratch 变量的数据类型是自动识别的，一个数字也可以是字符，利用字符串进行数位分离的代码，如图 1-32 所示。

这种分离方式，仅存在于 Scratch 中，不能在其他高级语言中使用，对进一步学习高级语言也没有帮助，所以本书的数位分离仍然以余数的方式来介绍。

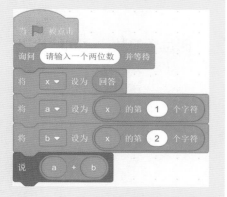

图 1-32　利用字符串进行数位
分离的代码

任务8 将一个三位数进行数位分离并逆序输出

询问并输入一个三位数，将其逆序输出。如果首位数字是 0，则只输出后两位数字，即不输出前导 0。例如，输入 123，输出 321；输入 250，输出 52。

实现步骤

1. 新建变量

（1）变量 x：存放输入的三位数。

（2）变量 a，b，c：分别存放数位分离后的百位、十位、个位上的数字。

2. 数位分离

如图 1-33 所示，分离百位、十位、个位上的数字，分别放入变量 a，b，c 中。

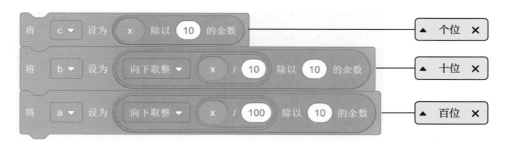

图 1-33 分离百位、十位、个位上的数字

3. 逆序输出

逆序输出三位数时不需要输出前导 0。例如，一个三位数 250，分离出 $a=2$，$b=5$，$c=0$，不能输出 052，而应输出 52，所以不能用连接字符的方式逆序输出，可以将分离出来的数位重新创建为一个三位数，算式及搭建的积木如下：

$$c \times 100 + b \times 10 + a$$

这样就重构了一个新的整数，没有前导 0。当 $a=2$，$b=5$，$c=0$ 时，$0 \times 100 + 5 \times 10 + 2 = 52$，即可完成逆序输出。

代码总览

逆序输出三位数的代码，如图 1-34 所示。

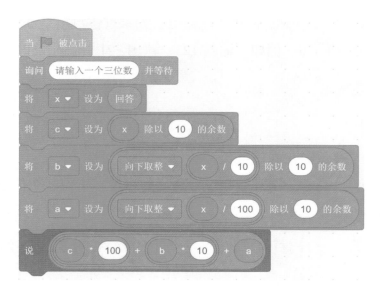

图 1-34　逆序输出三位数的代码

执行结果

单击 ▶ 按钮，启动程序。输入 x 的值分别为 250，逆序输出三位数，如图 1-35 所示。

图 1-35　逆序输出三位数

小结

数位分离的过程：首先把各个数位分离出来并放入变量中，再按要求进行处理。数位分离时用到的指令有 ⬭ / ⬭ 、⬭ 除以 ⬭ 的余数 和 向下取整 ▾ ⬭ 。

实战 5　将一个四位数数位分离并按要求输出

【要求】输入一个四位数，将千位与百位交换，十位与个位交换后输出。例如，输入 6128，输出 1682；输入 5040，输出 504。

【提示】不输出前导 0。

第八节　累加器和累乘器

学习目标

　　累加器在生活中经常能见到，去超市购物，结账时收银员会将顾客购买的商品一件件进行扫描，累计价格，最终得到总金额。

　　本节学习在 Scratch 中设计累加器和累乘器。

基本原理

1. 累加器的定义

　　累加器是用一个变量来实现的，将多个项目的值依次累加到这个变量中。存放在这个变量中的数据称"累加和"。

2. 简单举例

　　以超市收银的过程为例，收银机作为累计总金额的角色，就是"累加器"。每一件商品都有自己的编号，收银员用扫描枪依次扫描 n 件商品，商品的价格都会被放入累加器中，如图 1-36 所示。

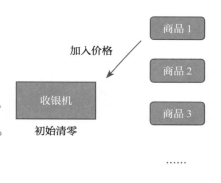

图 1-36　收银过程示意图

3. 累加过程的要素

　　（1）累加器：收银机，在累加前应清零。

　　（2）项目的总数：商品总数 n。

　　（3）项目的序号：商品的序号。

　　（4）项目的值：商品价格。

4. 累加过程

　　首先将累加器清零，然后进行 n 次循环，将每件商品的价格加到累加器中。

▶ **任务 9　设计一个累加器并求出总和**

　　询问并输入一个正整数 n，求 $1+2+3+\cdots+n$ 的值。例如，输入 n 的值为 100，输出 5050。

这便是数学王子高斯曾经遇到过的问题，对于这样一个等差数列，可以直接用公式求解，也可以在 Scratch 中用累加器求解。

实现步骤

1. 新建变量

（1）变量 n：存放项目的个数。

（2）变量 i：存放循环时的项目的序号。

（3）变量"总和"：存放累加和。

2. 积木引入

求 $1+2+3+\cdots+n$ 的值，每个加数的值刚好等于它的序号，所以这里累加的值就是序号，搭建积木如下：

3. 设计循环结构

用 i 作为循环变量，每次循环后将 i 增加1，循环共 n 次（从1到 n），所以循环条件是 $i>n$，当 i 大于 n 时结束循环，累加器的循环结构，如图 1-37 所示。

流程图

设计累加器的流程图，如图 1-38 所示。

图 1-37　累加器的循环结构

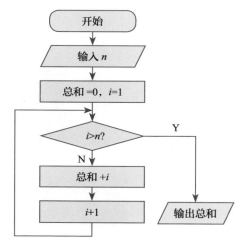

图 1-38　设计累加器的流程图

代码总览

设计累加器的代码，如图 1-39 所示。

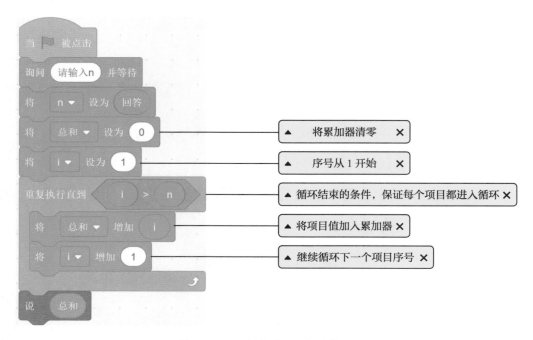

图 1-39　设计累加器的代码

执行结果

单击 ▶ 按钮，启动程序。输入 n 的值为 100，输出 1+2+3+…+100 的值，如图 1-40 所示。

图 1-40　输出 1+2+3+…+100 的值

思路拓展

累乘器也是一个变量，是将多个项目的值依次累乘到这个变量中。其求解方法与累加器类似，不同的是加法变成了乘法。

注意：累乘器的初始值，不能是 0，而应该是 1，因为任何数乘 0 结果还是 0，是无法得到答案的。

▶ 任务 10　设计一个累乘器并求出乘积

询问并输入一个正整数 n，计算 $n!$（$n!$ 读作 "n 的阶乘"，其含义是从 1 开始到 n 之间的每个数相乘的乘积）即 $n!=1\times 2\times 3\times \cdots \times n$。例如：

$$5!=1\times 2\times 3\times 4\times 5=120$$

实现步骤

设计累乘器程序的思路与累加器一致，这里不再赘述，注意要把累乘器的初始值设为 1。

代码总览

设计累乘器的代码，如图 1-41 所示。

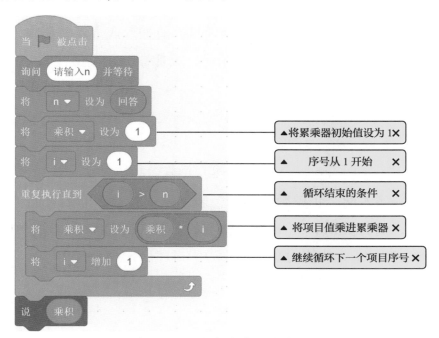

图 1-41　设计累乘器的代码

单击 🚩 按钮，启动程序。输入 n 的值为 5，输出 $1\times2\times3\times\cdots\times n$ 的值，如图 1-42 所示。

图 1-42　输出 $1\times2\times3\times\cdots\times n$ 的值

小结

累加器和累乘器，是将多个项目的值加入或乘入总值中，一般在计算之前，要对它们进行初始化，累加器的初始值设为 0，累乘器的初始值设为 1。

实战 6　设计一个累加器并求出 $m\sim n$ 所有整数的总和

【要求】询问并输入两个正整数 m 和 n，表示一个整数区间的开始位置和结束位置，请计算从 $m\sim n$ 所有整数的总和（包括 m 和 n）。例如，输入 m 的值为 4，n 的值为 9，输出 39。（4+5+6+7+8+9=39）

第九节　分数序列求和

本节学习一个稍有变化的累加器的案例,在 Scratch 中求分数序列和。

任务 11　设计一个累加器求分数序列和并输出项目序号

已知 $S=1+\dfrac{1}{2}+\dfrac{1}{3}+\cdots+\dfrac{1}{n}$,询问并输入一个整数 k,计算 n 的最小值,使得 $S>k$。这里的 S 表示分数序列从 1 开始,一直加到 $\dfrac{1}{n}$ 的累加和。k 是询问并输入的数,当 n 达到一定的值时,S 会大于 k。现在需要输出的是 n 的最小值,也就是这个分数表达式的项目个数。例如,输入 k 的值为 2,因为 $1+\dfrac{1}{2}+\dfrac{1}{3}+\dfrac{1}{4}$ $=2.08333\cdots$,当 $n=4$ 时,S 的值开始大于 2,所以输出 $n=4$。

设计思路 ✿

与任务 9 相比,这次任务不是输出累加和,而是输出达到某一限制值的项目序号。

实现步骤 ✿

1. 新建变量

(1)变量 S:存放累加和。

(2)变量 k:存放输入的整数 k。

(3)变量 n:存放循环时的项目序号。

2. 积木引入

对于分数的累加和,项目的序号是 n,每个项目的值就是"$\dfrac{1}{n}$",搭建积木如下:

3. 设计循环结构

首先搭建一个框架，S 的初始值设为 0，n 的初始值设为 1，再设计一个循环，在循环中将 $\frac{1}{n}$ 累加到 S 中，并每次将 n 增加 1。求分数序列和的循环结构，如图 1-43 所示。

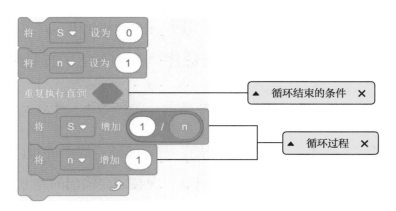

图 1-43 求分数序列和的循环结构

4. 设计循环条件

图 1-43 中的循环条件是什么呢？

当 S 大于 k 时，循环结束，因此这里的条件可以设置为"$S>k$"。

那么最终输出的是 n 吗？

以 $k=2$ 来举例，当 n 为 4 时，S 增加了 $\frac{1}{4}$ 后，n 增加到了 5，此时回到循环上方判断条件，发现 S 大于 k，结束了循环，此时 n 已经被多加了 1。因此输出的值应为"$n-1$"。

流程图

求分数序列和的流程图，如图 1-44 所示。

代码总览

求分数序列和的代码，如图 1-45 所示。

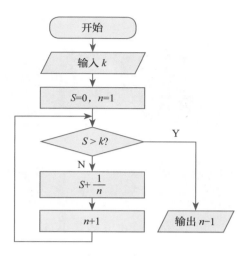

图 1-44 求分数序列和的流程图

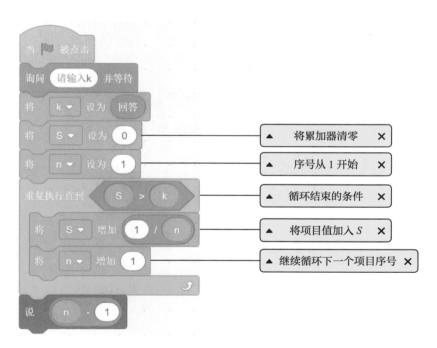

图 1-45 求分数序列和的代码

执行结果

单击 ▐ 按钮，启动程序。输入 k 的值为 2，输出 n 的最小值，如图 1-46 所示。

图 1-46　输出 n 的最小值

小结

掌握分数形式的积木搭建，并灵活运用循环条件。

实战 7　设计一个累加器并求出指定分数序列和

【要求】询问并输入一个正整数 n，求解累加和 S，算式如下：

$$S = \frac{1}{1 \times 2} + \frac{1}{2 \times 3} + \frac{1}{3 \times 4} + \cdots + \frac{1}{n \times (n+1)}$$

第二章
枚举算法篇

　　韩信才智过人，每次清点自己军队的人数时，只让士兵先后以三人一排、五人一排、七人一排地变换队形，而他只要知道最后一排人数就知道总人数了。

你知道韩信是怎么做到的吗？

第十节　倍数和

学习目标

假设两个正整数 a 和 b，a 除以 b 的余数为 0，则 a 是 b 的倍数。倍数在 Scratch 中是通过积木判断的。

本节学习在 Scratch 中求倍数和。

基本原理

1. a 是 3 的倍数

判断 a 是 3 的倍数，可以搭建积木如下：

当这个条件表达式的值为"真"时，表示 a 是 3 的倍数。

2. a 不是 3 的倍数

判断 a 不是 3 的倍数，可以搭建积木如下：

当这个条件表达式的值为真时，表示 a 不是 3 的倍数。

▶ 任务12　设计一个累加器并求出倍数和

询问并输入两个正整数 m 和 n，表示一个整数区间的开始位置和结束位置，找出在 $m \sim n$（含 m 和 n）之间所有 3 的倍数，再求出这些倍数的和。例如，输入 $m=2$，$n=12$，则从 $2 \sim 12$ 之间 3 的倍数之和为 3+6+9+12=30，输出 30。

设计思路

（1）任务 12 的目标是求和，因此会使用到累加器。

（2）累加的项目是在一个范围内所有满足条件的数，即 $2 \sim 12$ 之间所有 3

的倍数。枚举的思想是先将 2 ~ 12 之间的所有数列举出来，再进行条件判断，符合条件的数加入累加和中。使用"重复执行直到 < >"积木内嵌一个"如果 < > 那么"积木实现条件判断。

实现步骤

1. 新建变量

（1）变量"总和"：存放累加和。

（2）变量 m 和 n：存放正整数范围的起点和终点。

（3）变量 i：存放区间内的整数。

2. 设计循环结构

新建一个变量 i 作为循环变量，初始值设为 m，循环结束的条件设为"$i>n$"，在循环时"i"每次递增 1，即可以实现对区间内所有数的列举，在循环中加入条件判断就可以筛选出 3 的倍数。求倍数和的循环结构，如图 2-1 所示。

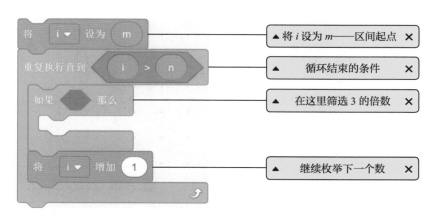

图 2-1 求倍数和的循环结构

流程图

求倍数和的流程图，如图 2-2 所示。

代码总览

求倍数和的代码，如图 2-3 所示。

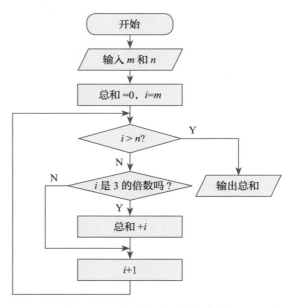

图 2-2　求倍数和的流程图

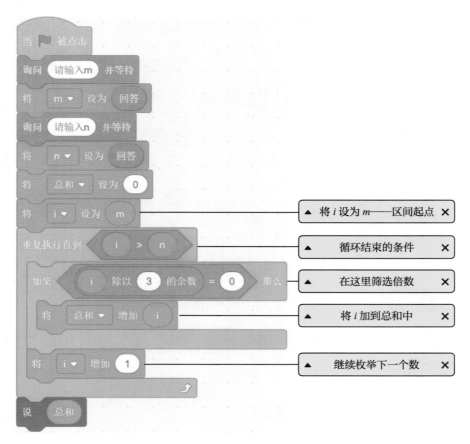

图 2-3　求倍数和的代码

执行结果

单击 🏳 按钮，启动程序。输入 m 的值为 2，n 的值为 12，输出 2 ～ 12 之间 3 的倍数和，如图 2-4 所示。

图 2-4　输出 2 ～ 12 之间 3 的倍数和

小结

（1）用枚举法求倍数和的核心，是用循环列举区间内的所有整数，并判断其是否为倍数，如果是，则加入累加和中。

（2）列举时将循环变量增加 1，可以保证区间内所有整数不漏不重。

实战 8　设计一个累加器并求倍数的平均值

【要求】输入正整数区间的起点 m 和终点 n，求在 m ～ n 之间（含 m 和 n）所有是 3 的倍数但不是 5 的倍数的数的平均值。例如，m 的值为 2，n 的值为 20，区间内是 3 的倍数且不是 5 的倍数的数有 3，6，9，12，18，共 5 个数，其平均值为（3+6+9+12+18）÷5=9.6，则输出为 9.6。

【提示】本程序需要设计两个累加器，一个累加满足条件的数，一个累加满足条件的数的个数。

第十一节　约数和

学习目标

约数，也称因数或因子，假设有两个正整数 a 和 b，如果 a 除以 b 的余数为 0，则称 b 是 a 的因子。

本节学习在 Scratch 中求约数和。

基本原理

1. 简单举例

例如，6 的因子有 1，2，3，6 共 4 个。1 是任何正整数的因子，任何正整数自身也是自己的因子。不包含自身的其他因子称为"真因子"，例如，6 的真因子有 1，2，3，共 3 个。

2. 积木引入

判断因子用积木 〇 除以 〇 的余数 来实现。

3. 正整数的约数和的定义

一个正整数的约数和，即这个正整数的所有真因子之和。例如，6 的真因子有 1，2，3，约数和为 1+2+3=6。18 的真因子有 1，2，3，6，9，约数和为 1+2+3+6+9=21。

4. 正整数的因子的定义

由因子的定义可知，一个正整数的真因子最小为 1，所有因子都小于整数自身。所以可以利用枚举算法，从 1 开始逐个枚举比这个整数小的所有整数，从中筛选出因子，并加入累加和中。

▶ **任务 13　求一个正整数的约数和**

询问并输入一个正整数 a，输出 a 的约数和。例如，输入 a 的值为 18，输出为 21，即 18 的约数和为 1+2+3+6+9=21。

实现步骤

1. 新建变量

（1）变量 a：存放输入的正整数。

（2）变量 "约数和"：作为累加器存放约数和。

（3）变量 i：作为循环变量，存放所列举的数。

2. 设计循环结构

根据任务 13 的要求，设计求正整数约数和的循环结构，如图 2-5 所示。

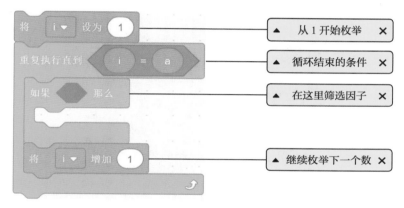

图 2-5　求正整数约数和的循环结构

3. 优化循环结构

超过这个整数二分之一且小于自身的数，不可能是这个整数的因子，例如，4 和 5 就不会是 6 的因子，只要枚举到整数二分之一大小的数就可以求出所有因子，这样程序运行的速度可以快 1 倍，优化图 2-5 后的循环结构，如图 2-6 所示。

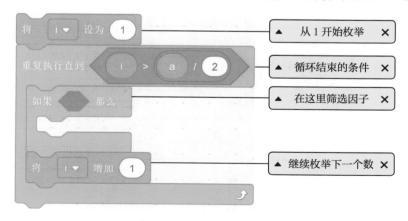

图 2-6　优化循环结构

流程图 🌸

求约数和的流程图，如图 2-7 所示。

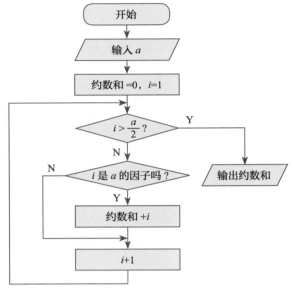

图 2-7　求约数和的流程图

代码总览 🌸

求约数和的代码，如图 2-8 所示。

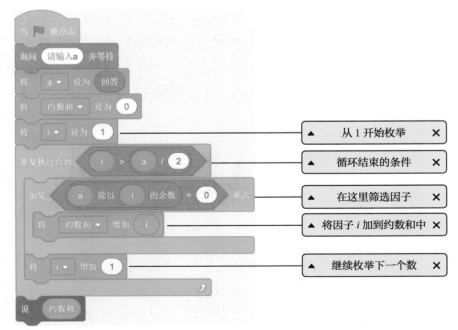

图 2-8　求约数和的代码

单击 ▇ 按钮，启动程序。输入 a 的值为 18，输出约数和，如图 2-9 所示。

图 2-9　输出约数和

任务 14　优化求约数和的代码

用枚举算法实现了约数和的求解，再经过简单优化，枚举的范围从 1 到 $\frac{a}{2}$，可以提升 1 倍的速度。但如果这个整数很大时，速度还是很慢，例如，1 亿级别的数，就要循环 5000 万次，即使是计算机，仍需要比较长的运算时间。

有没有方法在保证正确率的情况下，减少循环次数，从而加快运算速度呢？

设 $a=100$，按照枚举的方法，需要循环 50 次。其实，当找到因子 2 时，$100 \div 2 = 50$，50 也一定是它的因子，我们可以一次性把 50 也加入约数和中；同样找到因子 4 时，$100 \div 4 = 25$，25 也可以直接累加。这样一对对地累加，我们只用循环到 10 即可，因为 10 是 100 的平方根。对于整数 a，循环的次数是 $\sqrt{a}$，搭建循环条件的积木如下：

当因子为 1 时，$100 \div 1 = 100$，因为不用累加整数自身，所以循环就不能从 1 开始，而是从 2 开始，那么约数和的初始值应设为 1，要把因子 1 加上。当因子为 10 时，$100 \div 10 = 10$，因为有两个因子 10，10 被多加了一次，所以在循环结束后，要从约数和中减去这个因子 i，即减去 10。优化后的约数和的代码，如图 2-10 所示。

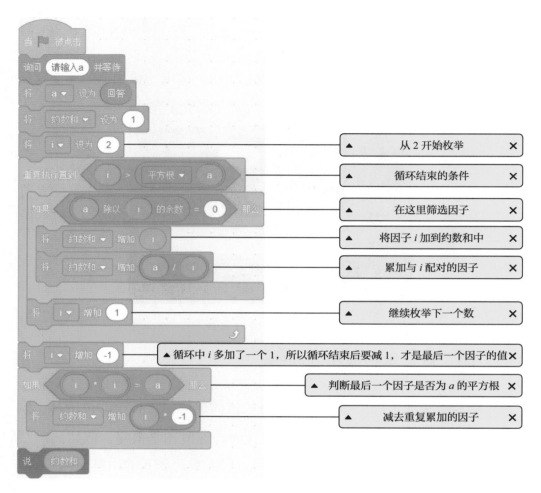

图 2-10　优化后的约数和的代码

输入 a 的值为 100，其约数和为 117。

小结

（1）约数和代码中的判断因子要使用积木 ⬭ 除以 ⬭ 的余数 。

（2）筛选因子和求约数和可以用枚举算法实现，循环次数优化成整数平方根次可以加快程序运行速度。

实战 9　求正整数的因子个数

【要求】询问并输入一个正整数 a，输出 a 的因子个数（包含自身）。例如，输入 6，输出 4，即 6 的因子有 1，2，3，6，共 4 个。

第十二节 韩信点兵

相传韩信才智过人，每次清点自己军队的人数时，只让士兵先后以三人一排、五人一排、七人一排地变换队形，而他只要知道最后一排人数就知道总人数了。这也是一个与余数相关的问题。设总人数为 x，三人一排进行排列，最后一排的人数就是 x 除以 3 的余数。

本节学习在 Scratch 中解决经典数学问题——韩信点兵。

基本原理

用数学方式描述韩信点兵的问题：已知正整数 x 除以 3，5，7 的余数，求解 x 的值。设 x 除以 3 的余数为 a，x 除以 5 的余数为 b，x 除以 7 的余数为 c，搭建积木如下：

> (x 除以 3 的余数 = a) 与 (x 除以 5 的余数 = b) 与 (x 除以 7 的余数 = c)

通过枚举 x，判断以上条件，来找到 x。满足这个条件的 x 可能不止一个，还要进行判断。

任务 15 设计一个程序解决韩信点兵问题

已知总人数大于 10 且不超过 100，询问并输入三个非负整数 a，b，c，表示每种队形最后一排的人数（$a<3$，$b<5$，$c<7$），输出总人数的最小值或输出"无解"。例如，依次输入 a，b，c 的值为 2，1，6，输出 41；依次输入 a，b，c 的值为 2，2，2，输出无解。

实现步骤

1. 新建变量

（1）变量"人数"：存放最后的结果。

（2）变量 x：枚举时用来列举人数。

（3）变量 a，b，c：分别存放 x 除以 3，5，7 的余数。

2. 设计循环结构

韩信点兵问题的循环结构，如图 2-11 所示。

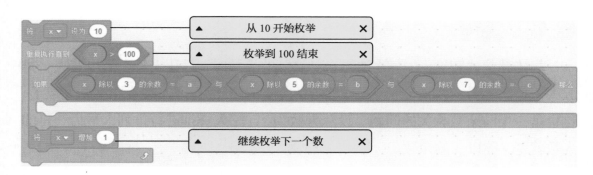

图 2-11　韩信点兵问题的循环结构

3. 结束循环

当满足"如果 <> 那么"积木中的条件时，即找到了满足条件的人数，又因为是从小到大枚举的，所以第一个满足"如果 <> 那么"积木条件的值就是总人数的最小值。找到了最小值，可以用积木 `将 人数 设为 x` 存放答案，但此时循环却并未结束，原因是 `x > 100` 这个条件还未满足！但如果任其循环下去直到条件满足循环结束条件时，有可能会找到另一个较大的符合条件的值，这不是最小值，所以要想办法立即结束循环。

在许多高级语言中，有专门的语句（例如，C 语言的 break 语句）用来中止循环，但 Scratch 中没有这样的指令，我们可以采用一个技巧让循环立即结束。

这个技巧就是让条件 `x > 100` 立即满足，可以在指令 `将 人数 设为 x`

后面增加一条指令 `将 x 设为 1000`，因为 1000 是 x 在枚举中无法到达的数，所以执行了这条指令后，满足循环结束的条件，程序会立即结束循环，继续执行循环后面的代码。在循环后加一条指令 `将 x 增加 1`，所以最后找到答案时 x 为 1001，因此判断如果 $x=1001$，输出人数；如果 $x \neq 1001$，则输出无解。循环结束后判断部分的代码，如图 2-12 所示。

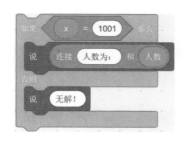

图 2-12　循环结束后判断部分的代码

流程图

韩信点兵问题的流程图，如图 2-13 所示。

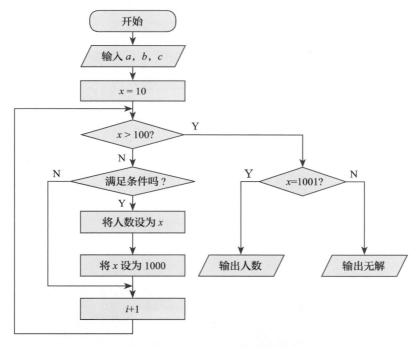

图 2-13　韩信点兵问题的流程图

代码总览

韩信点兵问题的代码，如图 2-14 所示。

执行结果

单击 🚩 按钮，启动程序。依次输入 a，b，c 的值为 2，1，6，输出总人数的最小值，如图 2-15 所示。

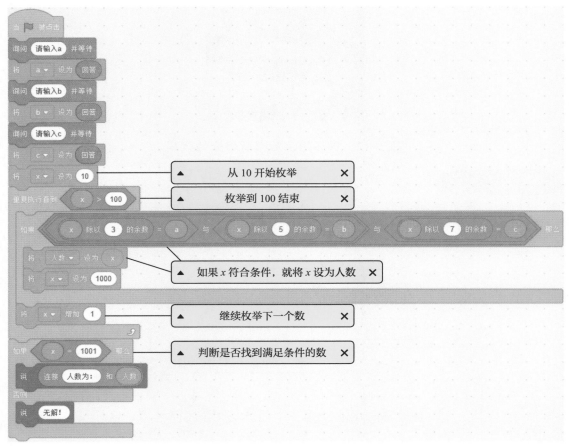

图 2-14 韩信点兵问题的代码

图 2-15 输出总人数的最小值

小结

　　从原理上来说，用枚举法解决韩信点兵问题，其循环结构与前面学习的倍数和、约数和类似，都是在一个数值范围内，通过循环对这个范围内的所有数进行判断，看其是否满足条件，从而进行相应的处理。本节学习一个新技巧：通过对变量的值进行特殊设置，使其满足循环条件，可以立即结束循环。

实战 10　设计一个程序解决余数相关问题

【要求】有一个大于 1 的整数 x，将 x 作为除数分别除 a，b，c，得到的余数相同，求满足条件的 x 的最小值。询问并输入三个数 a，b，c（都不大于 10000），输出 x。例如，依次输入 a，b，c 的值为 4，10，13，输出 3。

【提示】4，10，13 分别除以 3 的余数都是 1，3 是满足条件的最小数，所以输出 3。

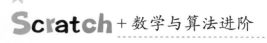

第十三节　百钱百鸡问题

中国古代数学家张丘建在他的《张丘建算经》一书中提出"百钱百鸡"问题:"今有鸡翁一,值钱伍;鸡母一,值钱三;鸡雏三,值钱一。凡百钱买鸡百只,问鸡翁、母、雏各几何?"

翻译过来就是"公鸡 5 元一只,母鸡 3 元一只,小鸡 1 元三只,用 100 元刚好买 100 只鸡,需要买公鸡、母鸡、小鸡各多少只?"

本节学习在 Scratch 中解决百钱百鸡问题。

▶ 任务 16　设计一个程序解决百钱百鸡问题

百钱百鸡问题:公鸡 5 元一只,母鸡 3 元一只,小鸡 1 元三只,用 100 元刚好买 100 只鸡,那么买公鸡、母鸡、小鸡各多少只? 将符合条件的方案放入列表中。

1. 设方程式

设公鸡有 x 只,母鸡 y 只,小鸡 z 只,则列方程式如下:

$$\begin{cases} x + y + z = 100 \\ 5x + 3y + \dfrac{z}{3} = 100 \end{cases}$$

这是个三元一次方程组,说明符合条件的方案可能不止一种。为了寻找符合条件的方案,枚举是个不错的算法,可以把三种类型鸡的数量依次列举,找到符合条件的数量时,就将其放入列表中。

2. 枚举算法

以公鸡数量为例,最少买公鸡 0 只,最多可买 100÷5=20(只),因此公鸡数量的范围是 0 ～ 20 只。同理,母鸡数量的范围是 0 ～ 33 只。如果有了 x 和 y,小鸡数量就是 $z=100-x-y$,无须再枚举 z,因此只要做一个双重嵌套循环,外层从 0 到 20 枚举 x，内层从 0 到 33 枚举 y。在循环的最内层，判断总金额是否为 100 元，也就是判断 $5x+3y+\dfrac{z}{3}$ 是否等于 100。

实现步骤

1. 新建列表和变量

（1）列表"方案列表"：用于存放符合条件的方案。

（2）变量 x，y，z：分别存放公鸡、母鸡、小鸡的数量。

2. 设计循环结构

百钱百鸡问题的循环结构，如图 2-16 所示。

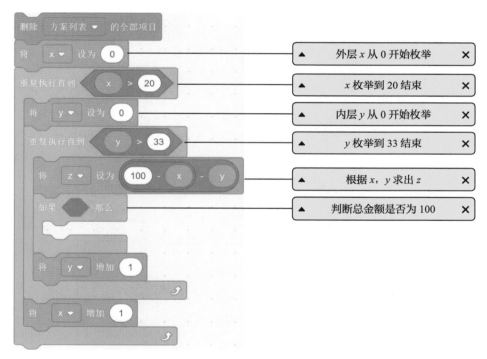

图 2-16　百钱百鸡问题的循环结构

3. 设计循环的最内层的条件

在循环的最内层，判断总金额是否为 100 元，搭建积木如下：

注意：小鸡是 1 元 3 只，积木 $z/3$ 的计算结果是买小鸡的钱，但这个

除法有可能无法得到整数，而小鸡不能切开来卖，因此还要增加一个条件——z是 3 的倍数，搭建积木如下：

所以，循环最内层的判断条件应结合上面两条指令，搭建积木如下：

当条件满足时，我们将 x，y，z 的数量组织成一个方案字符串，加入列表中。

百钱百鸡问题的流程图，如图 2-17 所示。

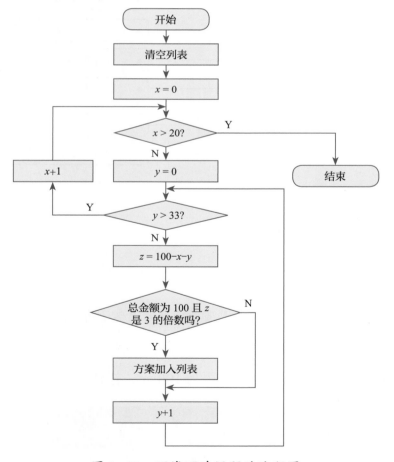

图 2-17　百钱百鸡问题的流程图

代码总览

百钱百鸡问题的代码，如图 2-18 所示。

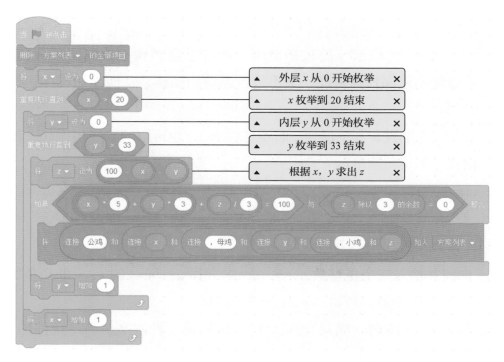

图 2-18 百钱百鸡问题的代码

执行结果

单击 🚩 按钮，启动程序。符合条件的四种方案已放入列表中，如图2-19所示。

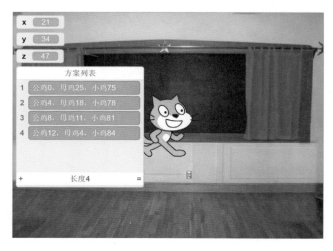

图 2-19 符合条件的四种方案

小结

（1）百钱百鸡问题是一个用双重嵌套循环结构来实现查找方案的案例。

（2）对于 x 和 y 的枚举范围，通过总金额和单价确定最大值，可以既不遗漏任何可能，又不进行无谓的循环，从而缩短程序运行时间。

（3）通过 x 和 y 得到 z 而不再枚举 z，也可以减少一层循环，加快程序的运行速度。

实战 11　设计一个程序求不定方程

【要求】询问并输入三个正整数 a，b，c，求方程 $ax+by=c$ 的 x，y 非负整数解共有多少种方案。例如，$a=2$，$b=3$，$c=18$。

【提示】当 $x=0$，$y=6$ 时，满足 $2x+3y=18$，这就是一种方案。满足条件的 x 和 y 有不止一种，例如，$x=3$，$y=4$；$x=6$，$y=2$；$x=9$，$y=0$。以上是满足条件的全部方案，所以总的方案数输出 4。

第十四节　水仙花数

水仙花数是一个三位数，其各位数字的立方和等于这个数本身。

本节学习在 Scratch 中找出所有的水仙花数。

1. 简单举例

例如，$153=1^3+5^3+3^3$，153 就是水仙花数。

2. 定义水仙花数

使用数位分离的方法，先将一个三位数的个位、十位、百位分离出来，分别放入变量中；再计算这三个变量的三次方之和，与这个数自身进行比较，如果相等，则为水仙花数。设一个三位数为 x，通过数位分离，百位为 a，十位为 b，个位为 c，如果 $x=a^3+b^3+c^3$，则 x 为水仙花数，搭建积木如下：

枚举所有的三位数（从 100 到 999），在循环中进行判断，即可找出所有的水仙花数。

▶ 任务 17　设计一个程序找出所有的水仙花数

找出所有的水仙花数，并全部放入列表中。

1. 新建列表和变量

（1）列表"水仙花数"：存放水仙花数。

（2）变量 x：枚举时存放一个三位数。

（3）变量 a，b，c：分别存放三位数的百位、十位、个位上的数字。

2. 数位分离

将三位数的各位进行数位分离，如图 2-20 所示。

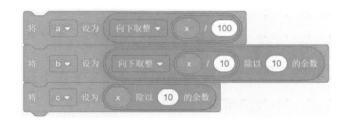

图 2-20　将三位数的各位进行数位分离

流程图

找出所有的水仙花数的流程图，如图 2-21 所示。

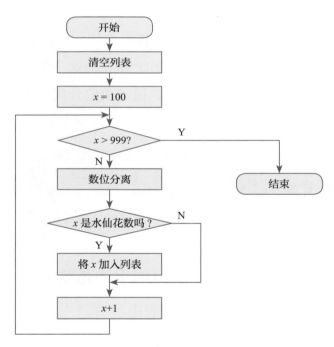

图 2-21　找出所有的水仙花数的流程图

代码总览

找出所有的水仙花数的代码，如图 2-22 所示。

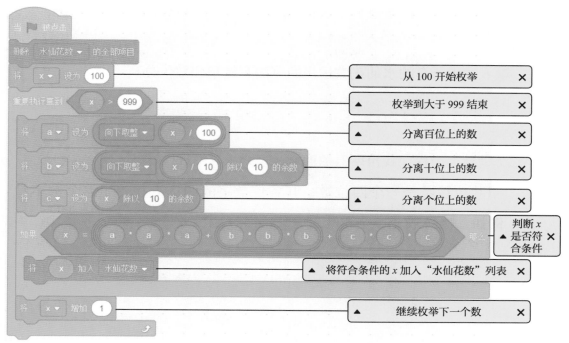

图 2-22　找出所有的水仙花数的代码

执行结果

单击 🚩 按钮，启动程序。符合条件的四种方案已放入列表中，总共有四个水仙花数：153，370，371，407，如图 2-23 所示。

图 2-23　四个水仙花数

小结

找出所有的水仙花数运用的算法有枚举和数位分离。

实战 12　设计一个程序找出所有的四叶玫瑰数

【提示】四叶玫瑰数是一个四位数，其各位数字的四次方和等于这个数本身。

例如，1634 就是一个四叶玫瑰数，$1634 = 1^4 + 6^4 + 3^4 + 4^4$。

第十五节　求最值

学习目标

从一系列数据中找出最大值或最小值的场景很常见，例如，查询考试成绩最高分，每个班级的学生按大小个排队，等等。

本节学习在 Scratch 中找到成绩的最高分。

基本原理

找到最高分要使用枚举算法，其核心思想可以用一个词描述——打擂台。

想象一下武林大会，各大门派齐聚一堂，要以比武的方式决出武林盟主。擂台上摆放着一张供擂主坐的虎皮大椅。第一个门派首先登场，作为暂时的擂主；第二个门派上场与之对决，胜者将成为新一轮的擂主；接着，台下的其他各大门派依次上阵，与当时的擂主比武，决出最终的擂主。

在程序中，创建一个最值变量，用于存放最值，然后枚举列表中的元素，与这个最值进行比较，如果更大或更小，就替换这个最值。循环结束后，最大值或最小值就是这个最值变量。

▶ 任务 18　设计一个程序求最高分

询问并输入一个正整数 n，并且随机生成 n 个整数（0 ~ 100 之间的成绩）放入列表，输出列表中的最大值，即最高分。

实现步骤

1. 创建列表和变量

（1）列表"成绩"：存放成绩数据。

（2）变量 n：存放输入的正整数，同时代表随机生成的数值的个数。

（3）变量"最高分"：存放最大值。

（4）变量 i：存放列表的序号。

2. 打赢就替换

每一次"打擂",就是一个"打赢就替换"的过程,其代码如图 2-24 所示,即如果第 i 项的值大于"最高分",则将"最高分"设为第 i 项的值。

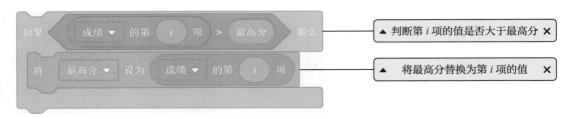

图 2-24　"打赢就替换"的过程

3. 设置变量"最高分"的初始值

因为列表中的每个数都要跟"最高分"进行比较,如果知道数值的范围,例如,在这里所有数据都是 0 ~ 100 之间的整数,就应该设置"最高分"为这个数值范围的下限 0 分,以保证所有列表元素不能小于它,能够进行比较和替换。另一个方案就是直接把"最高分"设置为列表的第一个元素,也就是打擂台时的第一个门派,搭建积木如下:

流程图

求最高分的流程图,如图 2-25 所示。

代码总览

求最高分的代码,如图 2-26 所示。

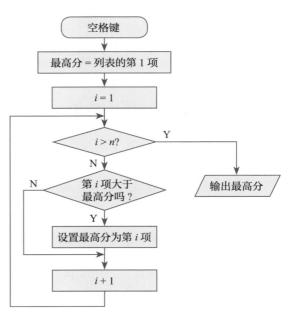

图 2-25　求最高分的流程图

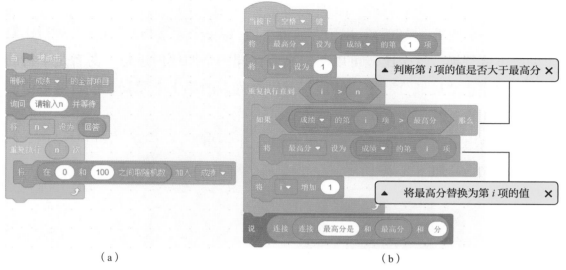

（a）　　　　　　　　　　　（b）

图 2-26　求最高分的代码

执行结果

单击 🚩 按钮，启动程序。输入 *n* 的值为 10，单击空格键，输出最高分，如图 2-27 所示。

注意：因为是随机生成的整数，所以程序生成的列表不唯一，后面的学习也会遇到这种情况。

图 2-27　输出最高分

任务 19　同时输出最高分和最低分

如果对任务 18 提出更高的要求——同时输出最高分和最低分，该如何实现呢？

新建一个变量"最低分"，用于存放最小值，将每个元素与"最低分"进行比较，如果更小就替换。这个比较可以与最高分在同一个循环内进行，两者是平行的关系。要注意"最低分"的初始值，可以是列表的第 1 个元素，或者是数值范围 0 ~ 100 的上限，即 100 分。

同时输出最高分和最低分的代码左侧与图 2-26（a）一致，这里只给出右侧修改后的代码，如图 2-28 所示。

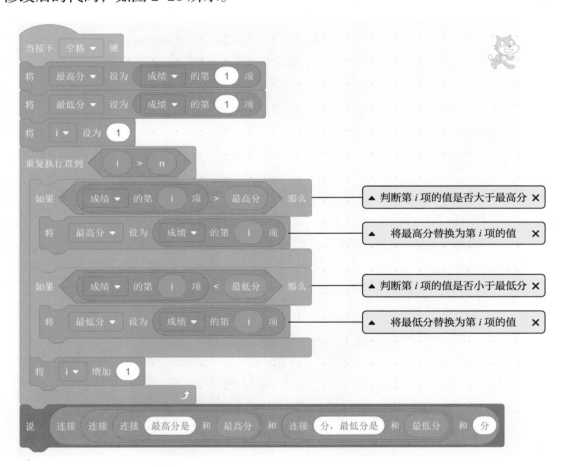

图 2-28　同时输出最高分和最低分的代码

执行结果

单击 🚩 按钮，启动程序。输入 n 的值为 10，单击空格键，同时输出最高分和最低分，如图 2-29 所示。

图 2-29 同时输出最高分和最低分

⭐**小结**

　　求最值是使用枚举算法通过"打擂台"的方式实现的，用一个变量存放最值，所有元素依次与最值进行比较，如果更大或更小就替换最值，直到所有元素都参与比较为止。

　　最值需要设置初始值，如果是最大值，应该设置初始值为数据范围的下限；如果是最小值，应该设置初始值为数据范围的上限；也可以设置初始值为列表的第 1 个元素的值。

实战 13　设计一个程序输出最大值所在的位置

【要求】在任务 18 程序的基础上，修改任务，输出最大值所在的位置，即最大值在列表中的序号。如果有不止一个最大值，以下两个要求都尝试一下：

　　（1）序号靠前的最大值。

　　（2）序号靠后的最大值。

【提示】在打擂台求最值的同时，把元素的位置用另一个变量也保存下来。

第十六节　统计数字字符

学习目标

本节学习在 Scratch 中统计一个字符串中数字字符的个数。

基本原理

1. 简单举例

假设有一个字符串 "ABC12Ddef5xyz789"，其中的数字字符有 1，2，5，7，8，9，共 6 个。对字符串的分析处理是程序设计中的常见场景，例如，对文字信息的分析、查找、修改等。

2. 积木引入

Scratch 的字符串是以变量的形式存在的。Scratch 的变量只有命名的过程，并未有对类型的定义，而是在程序执行中自动识别的。

（1）如果变量值含有字母和符号，则自动识别为字符串，搭建积木如下：

（2）如果变量值只有数字，则根据对其执行的操作自动处理，如果进行了算术运算，则作为数字使用；如果进行了字符串处理，则作为字符串使用，搭建积木如下：

（3）Scratch 中与字符串相关的积木有以下几个，如图 2-30 所示。

3. 字符串的四个要素

➤ 字符串名称（变量名）

➤ 字符序号

➤ 字符值

➤ 字符串长度（字符数）

图 2-30　Scratch 中的字符串类积木

4. 分析字符串

分析一个字符串，可以使用枚举算法，依次判断每个字符是否符合条件，并根据条件进行相应的处理，因此字符串长度这个要素很重要。

▶ 任务 20 设计一个程序统计字符串中数字的个数

询问并输入一个字符串，输出字符串中数字字符（0 ~ 9）的个数。例如，输入"ABC12Ddef5xyz789"，输出 6。

实现步骤

1. 新建变量

（1）变量 a：用于存放字符串。

（2）变量 i：存放字符串中每个字符的序号。

（3）变量 x：存放字符串中的一个字符。

（4）变量"总和"：存放数字字符的个数。

2. 设计循环结构

判断某个字符是否为数字字符的积木如下：

从第一个字符开始，循环次数为字符串的字符个数，将每个字符放入变量 x 中，判断 x 是否为数字字符，如果是，则将总和增加 1，接着判断下一个字符，直到所有字符判断完成。统计字符串中数字个数的循环结构，如图 2-31 所示。

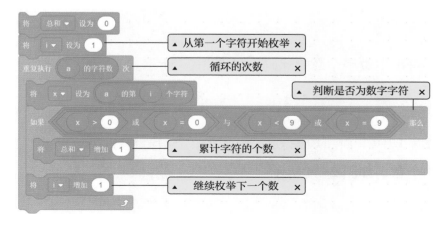

图 2-31 统计字符串中数字个数的循环结构

注意：图 2-31 中的指令  等同于指令 　　　　　　　　　　　　　。

流程图

统计字符串中数字个数的流程图，如图 2-32 所示。

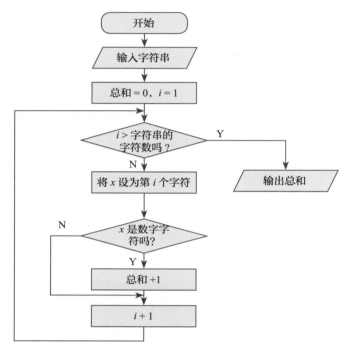

图 2-32　统计字符串中数字个数的流程图

代码总览

统计字符串中数字个数的代码，如图 2-33 所示。

执行结果

单击 ▶ 按钮，启动程序。输入字符串"ABC12Ddef5xyz789"，输出字符串中数字的个数，如图 2-34 所示。

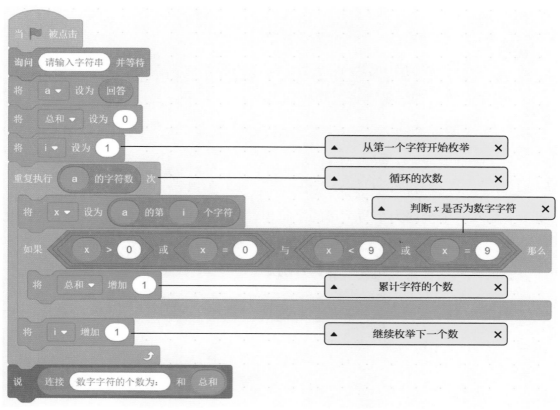

图 2-33　统计字符串中数字个数的代码

图 2-34　输出字符串中数字的个数

小结

　　统计字符串中数字的个数，可以用枚举法判断每个字符是否是数字字符，如果是则将总和增加1。

实战14　设计一个程序统计字符串中元音字母的个数

【要求】输入一个全部为小写字母的字符串，统计字符串中元音字母的个数，元音字母有a，e，i，o，u。例如，输入"abcdadefioxyz"，输出5。该字符串中共有5个元音字母，分别是a，a，e，i，o。

第三章

数学篇

人类进入文明社会以来，对数的研究就没有停止过，并根据数的性质进行分类，例如，奇数偶数、完全数、最大公约数、斐波那契数列，等等。

第十七节　完全数

古希腊数学家毕达哥拉斯提出了"完美数"的概念。作为一个"数痴"，他认为"万物皆数"。在研究数的过程中，毕达哥拉斯发现有一类数，其约数和等于自身，他称这类数为"完全数"或"完美数"（Perfect number）。

本节学习在 Scratch 中找出完全数。

1. 简单举例

例如，6 的约数和为 1+2+3=6，刚好等于自身，所以，6 是一个完全数。28 的约数和为 1+2+4+7+14=28，所以 28 也是一个完全数。

2. 判断完全数

判断一个数是不是完全数，只要判断这个数是否等于自己的约数和。

3. 找出完全数

在一个范围内找出所有的完全数可以用枚举法。为了使程序更简捷、清晰，自制并定义积木 约数和 ◯（设置一个参数 a，定义 a 为正整数），可以计算正整数的约数和。

▶ 任务 21　设计一个程序找出完全数

找出 2 ～ 10000 之间的完全数，并放入列表。

这个程序包含以下两部分。

（1）主程序：对 2 ～ 10000 之间的所有整数进行枚举，判断这些数是否为完全数。

（2）自制"约数和"积木：将参数的约数和计算出来。

实现步骤

1. 新建列表和变量

（1）列表"完全数"：存放找到的完全数。

（2）变量 n：存放枚举时 2～10000 之间的整数。

（3）变量"约数和"：存放积木"约数和"的计算结果，即参数的约数和。

（4）变量 i：积木"约数和"中的循环变量。

2. 自制并定义积木

自制积木"约数和"，设置一个参数 a，如图 3-1 所示。

定义自制积木"约数和"的代码，如图 3-2 所示。

图 3-1　自制积木"约数和"

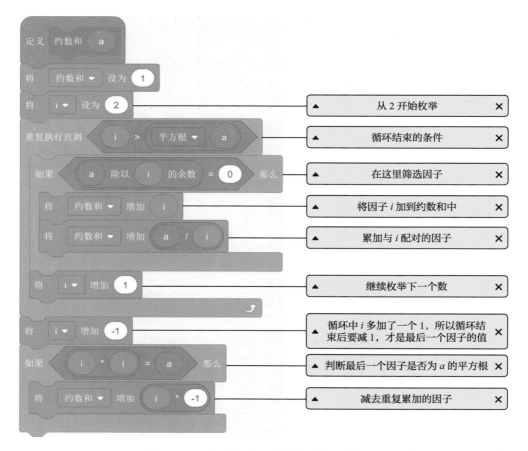

图 3-2　自制积木"约数和"的代码

3. 搭建完全数的主程序架构

搭建找出完全数的主程序中的枚举结构，如图 3-3 所示。

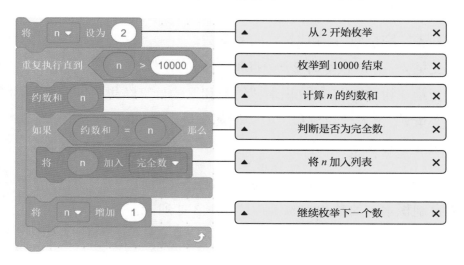

图 3-3　找出完全数的主程序架构

流程图

找出完全数的流程图，如图 3-4 所示。

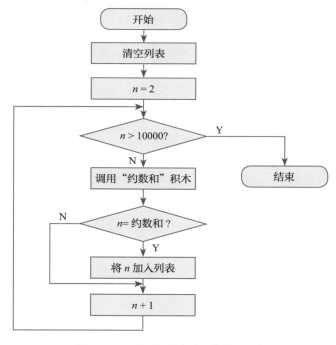

图 3-4　找出完全数的流程图

代码总览

完整的代码有两部分，找出完全数的主程序代码，如图 3-5 所示，自制积木"约数和"的代码见图 3-2。

执行结果

单击 ⚑ 按钮，启动程序。如图 3-6 所示，2 ～ 10000 中共有四个完全数：6，28，496，8128。

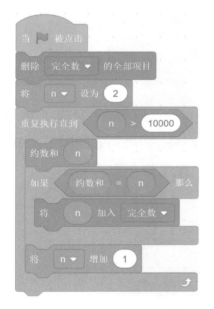

图 3-5　找出完全数的主程序代码

图 3-6　四个完全数

小结

用枚举算法成功找到了 10000 以内的完全数，用自制积木计算一个整数的约数和，使得程序更清晰。

实战 15　设计一个程序找出亲和数

【提示】数与数之间，与人与人之间类似，也存在着友情关系。亲和数，也称相亲数、友爱数。假如有两个整数 a 和 b，如果 a 的约数和等于 b，同时 b 的约数和等于 a，则称 a 与 b 是一对亲和数，请找出最小的一对亲和数。

Scratch+数学与算法进阶

第十八节　素数

学习目标

素数（Prime number），也称为质数。素数是大于 1 的自然数中，除了 1 和它本身再无其他因子的自然数。如果大于 1 的自然数除了 1 和自身外还有其他因子，则称为合数。

本节学习在 Scratch 中判断一个数是否为素数。

基本原理

1. 简单举例

例如，2 的因子只有 1 和 2，3 的因子只有 1 和 3，11 的因子只有 1 和 11，这些都是素数。而 9 就不是素数，因为除了 1 和 9 以外，3 也是它的因子。最小的素数是 2，也是素数中唯一的偶数。1 不是素数，也不是合数。

2. 如何判断一个自然数是否为素数？

根据定义判断：

假设 n 是一个大于 1 的数，要判断 n 是不是素数，可以用枚举法累加 n 的因子个数。如果只有 2 个因子，那 n 就是素数。

设一个变量 i，使 i 从 1 到 n 进行 n 次循环，在循环中判断 n 除以 i 的余数是否为 0，如果为 0 则累加一个因子个数到总数中，循环结束后判断总的因子个数是否为 2，即可确定 n 是否为素数。

用因子个数判断素数的循环结构，如图 3-7 所示。

但这种方法效率很低，如果 n 是一

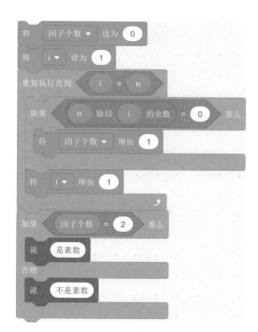

图 3-7　用因子个数判断素数的循环结构

080

个很大的数，那么循环 n 次会耗费大量时间。假如 n=100，循环到 2 就会发现 2 是 100 的因子，马上就可以确认 n 不是素数，这时就没必要继续循环到 100。提高程序运行速度有两种方法：一是当发现因子立即退出循环，并判断 n 不是素数；二是要减少循环次数。

3. 立即结束循环

1 是所有自然数的因子，没必要去判断，对于 n 来说 n 也是它的因子，也无须判断。所以可以从 2 开始循环，只要发现因子，就立即结束循环，因为此时 n 的因子个数一定大于 2。循环次数，只要到 $\frac{n}{2}$ 就够了，因为大于 $\frac{n}{2}$ 的数，肯定不会是 n 的因子。

立即结束循环，只须新建一个变量 flag，用来标志 n 是否为素数，循环之前将 flag 设置为 1，当发现因子后将 flag 设为 0，并立即结束循环，代码如图 3-8 所示。

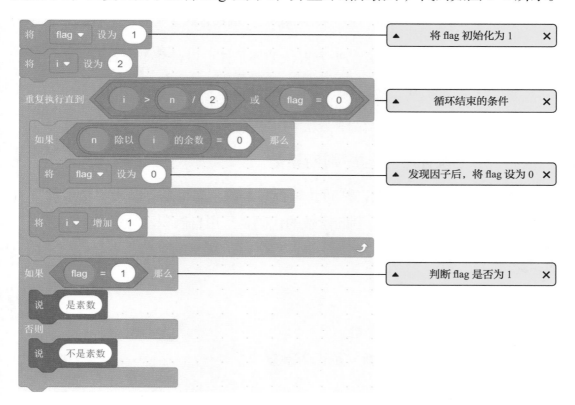

图 3-8　立即结束循环的代码

分析图 3-8 中的代码，flag=1，代表 n 是素数；flag=0，代表 n 不是素数。先将 flag 初始化为 1，在循环中一旦找到自然数 n 的因子，就立即将 flag 设为 0，

即可确定 n 不是素数，因为循环条件是 或 ，所以

会立即结束循环。在循环结束的位置，判断指令 是否成立，指令

成立，n 是素数；指令不成立，n 不是素数。

这样只减少了一半的循环次数，还可以更快吗？

4. 减少循环次数

因子总是成对出现，如果 i 是 n 的因子，那么 $\dfrac{n}{i}$ 也是 n 的因子。例如，2 是

12 的因子，那么 6（$\dfrac{12}{2}$）也一定是 12 的因子。所以找到一个因子 i 后，就没必

要再循环到 $\dfrac{n}{i}$ 的位置去判断了。

那么哪个位置可以设定为循环结束点呢？如果有因子 i 与 $\dfrac{n}{i}$ 一样大，就不用

再继续循环了，此时 i 就是 n 的平方根，循环条件可以是 。

因此，循环次数从 $\dfrac{n}{2}$ 缩减到 $\sqrt{n}$ 次，这可是一个大级别的提升，假设 n 是 1

亿（10^8）级别的数，只需要循环 1 万（10^4）次。

▶ 任务22　设计一个程序判断素数

询问并输入一个自然数，判断其是否为素数。如果是，输出"是素数"；如

果不是，输出"不是素数"。判断素数的代码要采用自制积木的形式。

实现步骤

1. 新建变量

（1）变量 i：存放循环变量。

（2）变量 flag：用于判断 n 是否为素数。

2. 自制并定义积木

自制积木"判断素数"，设置一个参数 n，定

义 n 为自然数，如图 3-9 所示。

图 3-9　自制积木"判断素数"

自制积木"判断素数"用于判断参数 n 是否为素数，flag 负责保存因子的个数，

所以主程序只须调用积木 ，判断 flag 是否为 1。判断素数的主程序代码，如图 3-10 所示。

图 3-10　判断素数的主程序代码

流程图

自制积木"判断素数"的流程图，如图 3-11 所示。

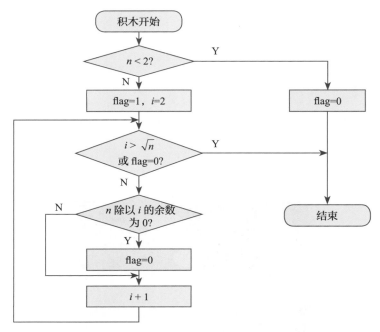

图 3-11　自制积木"判断素数"的流程图

Scratch + 数学与算法进阶

代码总览

自制积木"判断素数"的代码,如图 3-12 所示,判断素数的主程序代码见图 3-10。

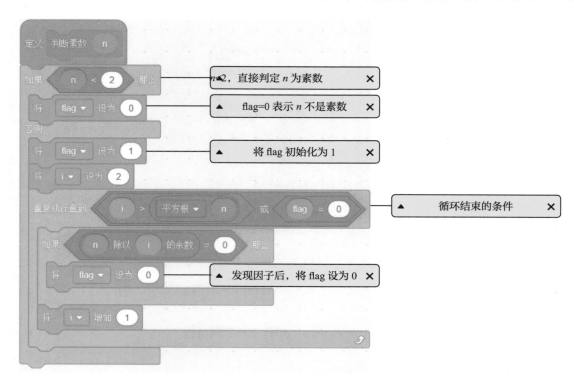

图 3-12　自制积木"判断素数"的代码

执行结果

单击 ![flag] 按钮,启动程序。输入自然数的值为 13,判断 13 是素数,如图 3-13 所示。

图 3-13　判断 13 是素数

小结

判断一个自然数是否为素数，可以使用自制积木 判断素数 〇 来优化代码。当需要判断一个自然数是否为素数时，只须调用这个自制积木，判断 flag 是否为 1 就可以了。

实战 16　找出 2 ～ 100 之间的所有素数

【要求】使用自制积木 判断素数 〇 ，找出 2 ～ 100 之间的所有素数，并放入列表中。

第十九节　分解质因数

　　自然数中除了能被 1 和自身整除，还能被其他数（0 除外）整除的数是合数。每一个合数都可以用几个质数相乘的形式表示出来，其中每个质数都是这个合数的因子，称为"质因数"或"质因子"。把一个合数用质数相乘的形式表示出来，称为分解质因数。例如，$4=2 \times 2$；$12=2 \times 2 \times 3$。

　　本节学习在 Scratch 中将一个自然数分解成质因数相乘的形式，即输入一个正整数，如果是合数，分解质因数；如果是质数，直接输出这个正整数。

1. 分解式中的质因子

　　在一个分解式中，一个质因子可能出现不止一次，例如：

$$120=2 \times 2 \times 2 \times 3 \times 5$$

其中，2 出现了三次，所以找到一个因子，不能马上去找更大的因子，而是要反复确认在被除数除以该因子之后的商之中，是否还有这个因子，这样的处理，才能保证分解式中的所有因子是质因子。例如，$120 \div 2=60$，2 也是 60 的因子，所以要再除以一次 2（$60 \div 2=30$），这样因子 4 就不会出现在分解式中。

2. 分解质因数的思路

　　（1）新建变量 i，从最小的质数 2 开始枚举并判断 i 是否为 n 的因子，直到 $i>n$。

　　（2）如果 i 是因子，则将 i 连接到分解式中，将 n 设置为 n 除以 i 的商（$\frac{n}{i}$），并重复步骤（2）。如果 i 不是因子，则进入步骤（3）。

　　（3）将 i 增加 1，并回到步骤（1）继续执行。

3. 简单举例

　　下面以 $n=60$ 为例介绍分解质因数的过程。

（1）i 从 2 开始枚举，2 是 60 的因子，将 2 加入分解式，用 60 除以 2，得到 n=30。

（2）2 也是 30 的因子，再次将 2 加入分解式，再用 30 除以 2，得到 n=15。

（3）2 不是 15 的因子，将 i 增加 1，i=3。3 是 15 的因子，将 3 加入分解式，再用 15 除以 3，得到 n=5。

（4）3 不是 5 的因子，将 i 增加 1，i=4；4 也不是 5 的因子，继续将 i 增加 1，i=5。5 是 5 的因子，将 5 加入分解式，再用 5 除以 5，得到 n=1。

（5）5 不是 1 的因子，将 i 增加 1，i=6。n=1，此时 i>n，满足循环结束的条件，结束循环。

▶ 任务 23　设计一个程序分解质因数

询问并输入一个自然数，如果该自然数是合数，将其分解质因数并输出；如果是质数，直接输出这个质数。

实现步骤

1. 新建变量

（1）变量"分解式"：存放分解出来的字符串。

（2）变量 n：存放需要分解的整数。

（3）变量 i：循环变量。

（4）变量 flag：判断是否为第一个因子的标志，flag=0，表示这个数是第一个因子。

2. 初始化变量

最后输出的分解式是一个字符串，存放在变量"分解式"中，每当找到一个质因子后就连接到这个字符串中，初始化"分解式"变量，如图 3-14 所示。

图 3-14　初始化"分解式"变量

3. 设计循环结构

分解质因数的循环结构，如图 3-15 所示。

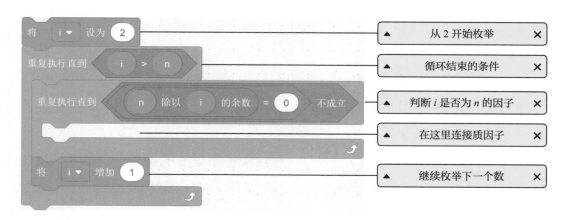

图 3-15　分解质因数的循环结构

4. 连接质因子

连接质因子之前，先要判断 flag 是否为 0。flag=0，表示这个数是第一个因子。当连接第一个因子时，可以直接连接因子，但是后面的因子，要在前面增加一个乘号 "×" 作为连接。乘号 "×" 摆放在每个质因子之间，连接质因子部分的代码，如图 3-16 所示。

注意：乘号 "×" 也可以用 "*" 代替。

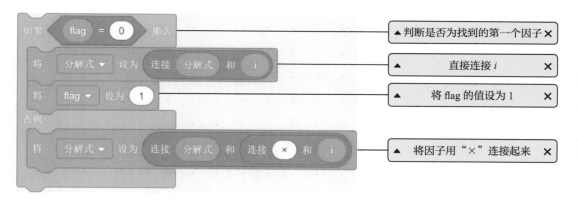

图 3-16　连接质因子部分的代码

流程图

分解质因数的流程图，如图 3-17 所示。

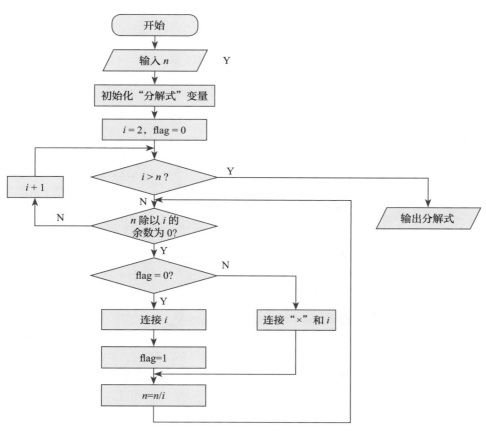

图 3-17　分解质因数的流程图

分解质因数的代码，如图 3-18 所示。

单击 🚩 按钮，启动程序。输入 n 的值为 60，输出 60 的分解式，如图 3-19 所示。

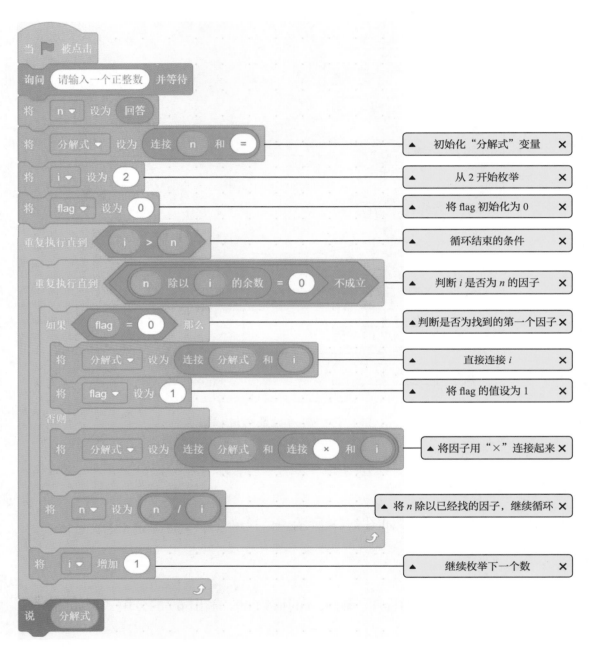

图 3-18　分解质因数的代码

图 3-19 输出 60 的分解式

小结

分解质因数的核心在于以自然数作为被除数，从最小的质数 2 开始作为除数，依次增大除数去判断因子，当发现一个因子后，要反复确认在该自然数除以因子之后的商之中，是否还有这个因子，这样才能保证分解式中的所有因子是质因子。

实战 17　设计一个程序输出质因子的个数

【要求】询问并输入一个正整数，输出其质因子的个数（重复的因子按一个算）。

例如，输入 60，输出 3。（$60=2×2×3×5$，它的质因子有 2，3，5）

第二十节 最大公约数

最大公约数（Greatest Common Divisor），也称最大公因数、最大公因子，是指两个或多个整数共有的约数中最大的一个，可缩写为 GCD。例如，有两个数 12 和 20 : 12 的约数有 1，2，3，4，6，12 ; 20 的约数有 1，2，4，5，10，20，它们共有的约数有 1，2，4，其中最大的是 4，所以 4 是 12 和 20 的最大公约数。两个整数 a 和 b 的最大公约数，用 GCD(a, b) 表示。

本节学习在 Scratch 中用两种方法求解最大公约数——辗转相除法和更相减损法。

Tips —— 最小公倍数

最小公倍数（Least Common Multiple），是指两个或多个整数共有的倍数中最小的一个，可缩写为 LCM。

例如，在 12 和 20 的共有倍数中，最小的一个是 60，所以 60 就是 12 和 20 的最小公倍数。

两个整数 a 和 b 的最小公倍数，用 LCM(a, b) 表示。

最小公倍数可以通过最大公约数求出来，两个数 a 和 b 的最小公倍数，等于两个数的乘积除以两个数的最大公约数，即

$$LCM(a, b)= \frac{ab}{GCD(a, b)}。$$

1. 求两个数的最大公约数

根据最大公约数的概念，可以用枚举算法求解。一个数的约数一定不大于

自身，两个数的公约数一定比两个数都要小，所以先找出两个数中较小的数，从较小的数开始枚举，因为要求最大公约数，所以按从大到小的顺序判断是否同时是两个数的约数，一旦找到则必然是最大公约数。

2. 简单举例

例如，这两个数是 12 和 20，先找到较小的数 12，从 12 开始到 1 逆序枚举两数之间的每个数，判断是否同时是 12 和 20 的约数，12，11，10，…到 4 的时候，4 是 12 和 20 共有的约数，所以 4 是 12 和 20 的最大公约数。

这种方法简单、直观，易于理解，但效率不高，速度慢。

无论古代的西方还是古代的中国，数学家们都在研究各种高效的求解最大公约数的方法，比较著名的有辗转相除法和更相减损法。

 一、辗转相除法

辗转相除法出自古希腊数学家欧几里得的《几何原本》，也称欧几里得算法。

【算法原理】

求两个正整数的最大公约数，通过两个数相除取余数的方式获得。

（1）用被除数除以除数得到余数，如果余数为 0，则最大公约数就是除数。如果余数不为 0，则执行步骤（2）。

（2）将步骤（1）中的除数作为被除数，余数作为除数，并回到步骤（1）继续执行。

注意：当被除数小于除数时，运行指令 ⬭ 除以 ⬭ 的余数 后的余数等于被除数。

例如，求 12 和 20 的最大公约数的步骤如表 3-1 所示。

表 3-1　求 12 和 20 的最大公约数的步骤

被除数	除数	余　数	步　骤
12	20	12	余数为 12，所以再将 20 作为被除数，12 作为除数
20	12	8	余数为 8，所以再将 12 作为被除数，8 作为除数
12	8	4	余数为 4，所以再将 8 作为被除数，4 作为除数
8	4	0	余数为 0，所以 4 就是 12 和 20 的最大公约数，循环结束

使用一个条件循环，在循环中进行余数的计算和被除数、除数的调整，循环结束的条件是余数为 0。可以将求两个整数最大公约数的代码做成自制积木，使程序清晰方便。

▶ 任务 24　用辗转相除法求最大公约数

询问并输入两个正整数，用辗转相除法求出最大公约数。使用自制积木的形式设计程序，例如，输入 12 和 20，输出 4。

实现步骤

1. 新建变量

变量 "数 1" 和 "数 2"：存放输入的两个正整数。

变量 a 和 b：存放计算中使用的两个数。

变量 "余数"：临时存放余数。

变量 "最大公约数"：存放两个数的最大公约数。

2. 自制并定义积木

自制一个积木 "辗转相除法计算 m 和 n 的最大公约数"，设置两个参数 m 和 n，定义 m 和 n 为正整数，如图 3-20 所示。

图 3-20　自制积木 "辗转相除法计算"

3. 设计循环结构

辗转相除法的循环结构，如图 3-21 所示。

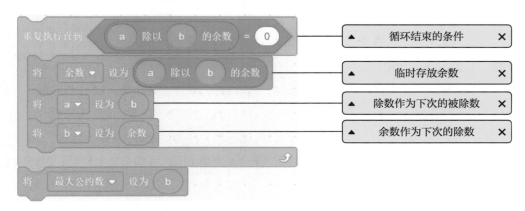

图 3-21　辗转相除法的循环结构

当执行指令 将 a 设为 b 之后，a 除以 b 的余数就变了，再用来给 b 赋值，就会产生错误。所以必须在循环过程中新建变量"余数"用于临时存放数据。

流程图

用辗转相除法求最大公约数的流程图，如图 3-22 所示。

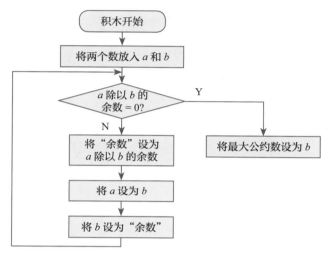

图 3-22 用辗转相除法求最大公约数的流程图

代码总览

用辗转相除法求最大公约数的代码，如图 3-23 所示。

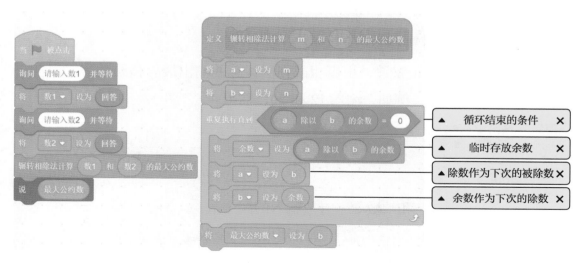

图 3-23 用辗转相除法求最大公约数的代码

二、更相减损法

更相减损法也称"更相减损术"，出自我国汉代的数学专著《九章算术》，这是我国古代数学家的研究成果。

【算法原理】

通过减法来求得两个正整数的最大公约数，步骤如下：

（1）判断两数是否相等，如果相等，则最大公约数就是这两个相等的数。

（2）如果两数不相等，将大数改为两数的差，然后回到步骤（1）继续比较。

例如，求 12 和 20 的最大公约数的步骤，如表 3-2 所示。

表 3-2　求 12 和 20 的最大公约数的步骤

数 1	数 2	差　值	步　骤
12	20	8	数 1 ≠ 数 2，用 20-12=8 得到差值
12	8	4	数 1 ≠ 数 2，用 12-8=4 得到差值
4	8	4	数 1 ≠ 数 2，用 8-4=4 得到差值
4	4	0	数 1= 数 2，两数相等，所以 4 就是最大公约数

使用一个条件循环，在循环中比较两数的大小，将原本较大的数，替换为较大数与较小数的差，循环结束的条件是两数相等。更相减损法计算也可以做成自制积木的形式。

▶ 任务 25　用更相减损法求最大公约数

询问并输入两个正整数，用更相减损法计算并输出最大公约数。使用自制积木的形式设计程序，例如，输入 12 和 20，输出 4。

实现步骤

1.新建变量

（1）变量"数 1"和"数 2"：存放输入的两个数。

（2）变量"a"和"b"：存放计算中使用的两个数。

（3）变量"最大公约数"：存放两个数的最大公约数。

（3）变量"最大公约数"：存放两个数的最大公约数。

2. 自制并定义积木

自制一个积木"更相减损法计算 *m* 和 *n* 的最大公约数"，设置两个参数 *m* 和 *n*，定义 *m* 和 *n* 为正整数，如图 3-24 所示。

图 3-24　自制积木"更相减损法计算 *m* 和 *n* 的最大公约数"

3. 设计循环结构

根据算法描述可知，程序实现的核心是一个条件循环，循环结束的条件是 *a* 与 *b* 相等，在循环体中判断 *a* 和 *b* 哪个更大，如果 *a*>*b* 就将 *a* 设为 *a*-*b*，否则就将 *b* 设为 *b*-*a*，重新进行循环，更相减损法的循环结构，如图 3-25 所示。

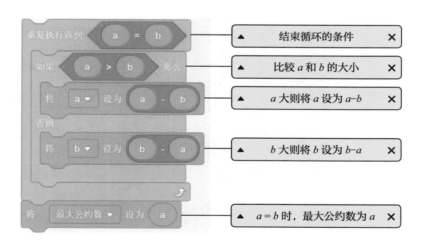

图 3-25　更相减损法的循环结构

流程图

用更相减损法求最大公约数的流程图，如图 3-26 所示。

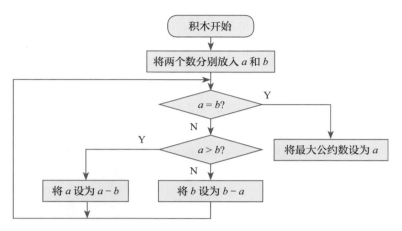

图 3-26　用更相减损法求最大公约数的流程图

代码总览

用更相减损法求最大公约数的代码，如图 3-27 所示。

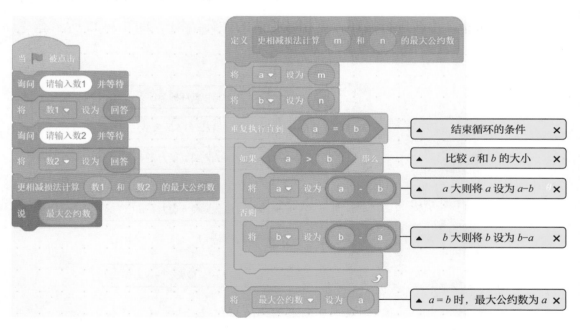

图 3-27　用更相减损法求最大公约数的代码

执行结果

单击 🚩 按钮，启动程序。辗转相除法和更相减损法的运行结果一致，输入"数1"的值为 33，"数 2"的值为 39，输出 33 和 39 的最大公约数，如 3-28 所示。

图 3-28 输出 33 和 39 的最大公约数

小结

（1）由于更相减损法使用减法，当两个数相差很大时，程序循环的次数会显著增加，所以辗转相除法程序运行速度更快。

（2）辗转相除法和更相减损法是西方与中国古人总结出的高效计算最大公约数的方法，如果做成自制积木，可以很方便地实现求多个整数的最大公约数，先求出两个数的最大公约数，再判断这个数是否也是其他数的最大公约数。辗转相除法和更相减损法的自制积木，如图 3-29 所示。

图 3-29 辗转相除法和更相减损法的自制积木

实战 18　求三个正整数的最大公约数

【要求】分别运用求最大公约数的两种方法，求三个正整数的最大公约数。例如，输入三个正整数 15，18，30，输出三个数的最大公约数——3。

第二十一节　斐波那契数列

学习目标

数列 1，1，2，3，5，8，13，21，34，…称为斐波那契数列（Fibonacci sequence），也称"黄金分割数列"或"兔子数列"。这个数列的特点是，从第 3 项开始，每一项都是前两项之和。神奇的是，自然界中的许多动植物展现出来的特征都符合这个数列。

本节学习在 Scratch 中如何用递推的方式得到斐波那契数列的各项数值。斐波那契数列也可以从 0 开始，本节定义为从 1 开始。

算法原理

1. 递推序列

递推算法，是指从已知的初始条件出发，依据特定的关系，求中间值和最后的结果。

斐波那契数列如表 3-3 所示，其第 1 项和第 2 项是固定值，后面所有的项，并无直接的公式可以求出，而是要根据前两项的值推导出来。

表 3-3　斐波那契数列

项次	1	2	3	4	5	6	7	8	9	10	……
值	1	1	2	3	5	8	13	21	34	55	……

2. 递推过程

设变量 f_1 为第 1 项，f_2 为第 2 项，f_3 为第 3 项，可以得到 $f_3 = f_1 + f_2$。

再将 f_1 替换为之前的 f_2，f_2 替换为之前的 f_3，如此继续循环，可以得到后面的各项。斐波那契数列的递推过程，如图 3-30 所示。

如果要求数列的前 n 项，当 $n \leqslant 2$ 时，可直接输出；

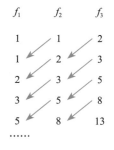

图 3-30　斐波那契数列的递推过程

当 $n \geqslant 3$ 时，按照图 3-30 的递推过程，循环 $n-2$ 次得到。

▶ 任务 26　输出斐波那契数列的前 n 项

询问并输入一个正整数 n（$n \geqslant 3$），输出斐波那契数列的前 n 项，以逗号隔开。例如，输入 n 的值为 10，输出 1，1，2，3，5，8，13，21，34，55。

实现步骤

1. 新建变量

（1）变量 n：存放输入的正整数。

（2）变量"斐波那契数列"：存放需要输出的斐波那契数列的前 n 项。

（3）变量 f_1，f_2，f_3：存放递推过程中的数值。

2. 初始化变量

分别初始化变量 f_1 为 1，f_2 为 1，变量"斐波那契数列"为"1，1"，如图 3-31 所示。

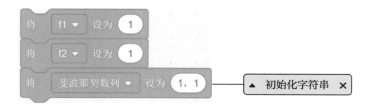

图 3-31　初始化变量

3. 设计循环结构

斐波那契数列的前 n 项的循环结构，如图 3-32 所示。

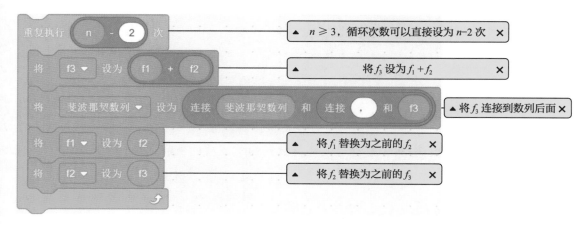

图 3-32　斐波那契数列的前 n 项的循环结构

计算出 f_3 后，要用"，"分隔，所以连接字符串时在 f_3 前增加逗号，如图 3-33 所示。

图 3-33 在 f_3 前增加逗号

注意：指令  和 将 f2 设为 f3 顺序不能互换，如果互换成先执行 $f_2=f_3$，再执行 $f_1=f_2$，那么 f_2 的值已经被设置为 f_3 后再赋值给 f_1，就会造成数据错误！

流程图

输出斐波那契数列的前 n 项的流程图，如图 3-34 所示。

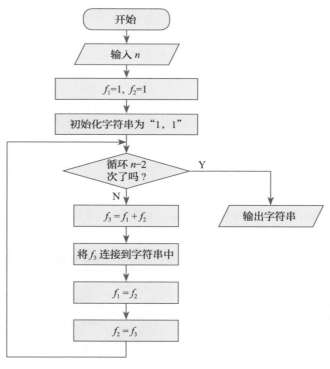

图 3-34 输出斐波那契数列的前 n 项的流程图

代码总览

输出斐波那契数列的前 n 项的代码，如图 3-35 所示。

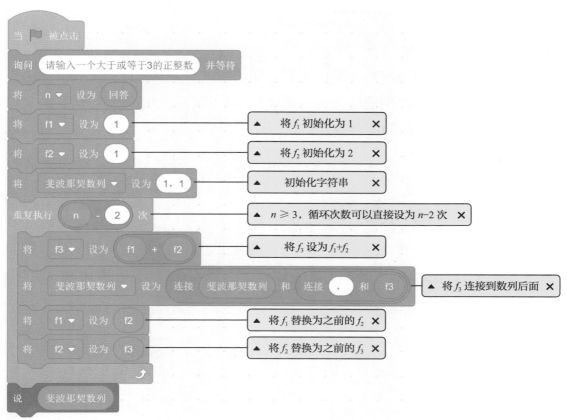

图 3-35　输出斐波那契数列的前 n 项的代码

执行结果

单击 按钮，启动程序。输入 n 的值为 10，输出斐波那契数列的前 10 项，如图 3-36 所示。

图 3-36　输出斐波那契数列的前 10 项

> **小结**
>
> 　　本节使用递推算法实现了斐波那契数列前 n 项的计算，在循环中反复更新前两项的值，从而推导出后一项的值，最终推导出斐波那契数列前 n 项的所有值。

实战 19　输出斐波那契数列第 n 项的值

【要求】询问并输入一个正整数 n（$n \geqslant 1$），输出斐波那契数列第 n 项的值。例如，输入 1，输出 1（1 是第 1 项）；输入 10，输出 55（55 是第 10 项）。

第四章
排序算法篇

排序是处理数据重要的一步，所谓排序，是将一系列杂乱无章的数据，通过一定的规则按顺序排列的过程。

生活中的排序无处在，例如，操场排队按身高排序，考试成绩按分数排序，出行时查找路线可以根据自己的喜好，选择通畅度、距离或费用优先等方式来排序。

第二十二节　三个数的简单排序

学习目标

本节学习在 Scratch 中任意输入三个数 a，b，c，将其按从小到大的顺序排序并输出。

基本原理

1. 比较三个数的大小

（1）a 与 b 比较，如果 $a>b$，则交换 a 与 b，否则什么也不做。

（2）a 与 c 比较，如果 $a>c$，则交换 a 与 c，否则什么也不做。经过了前两步，三个数中的最小值就放在 a 中了。

（3）b 与 c 比较，如果 $b>c$，则交换 b 与 c，否则什么也不做，排序完毕。

2. 简单举例

设初始状态下三个数 a，b，c 的值分别为 5，4，3，比较三个数的大小，如表 4-1 所示。

表 4-1　比较三个数的大小

a	b	c	步　　骤
5	4	3	初始值 $a=5$，$b=4$，$c=3$
4	5	3	比较 a 与 b，因为 $a>b$，二者交换
3	5	4	比较 a 与 c，因为 $a>c$，二者交换
3	4	5	比较 b 与 c，因为 $b>c$，二者交换，排序完毕

▶ 任务 27　设计一个程序将三个数从小到大排序

询问并输入三个数 a，b，c，将其按照从小到大的顺序排序并输出，以逗号隔开。例如，依次输入 a，b，c 的值为 5，4，3，输出 3，4，5。

实现步骤

1. 新建变量

（1）变量 a，b，c：存放输入的三个数。

（2）变量 t：用于在交换 a，b，c 过程中暂存数据。

2. 判断结构

在第五节学习了如何交换两个变量的值的方法，这个方法同样可以实现三个数的排序。当两个数的顺序不符合要求时则交换这两个数的值。使用三个平行的单分支判断结构即可实现三个数的排序，如图 4-1 所示。

图 4-1　三个平行的单分支判断结构

Scratch＋数学与算法进阶

流程图

将三个数从小到大排序的流程图，如图 4-2 所示。

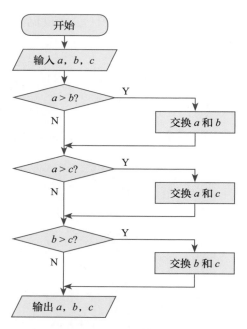

图 4-2　将三个数从小到大排序的流程图

代码总览

将三个数从小到大排序的代码，如图 4-3 所示。

执行结果

单击 🚩 按钮，启动程序。依次输入 a，b，c 的值为 5，4，3，将三个数从小到大排序，如图 4-4 所示。

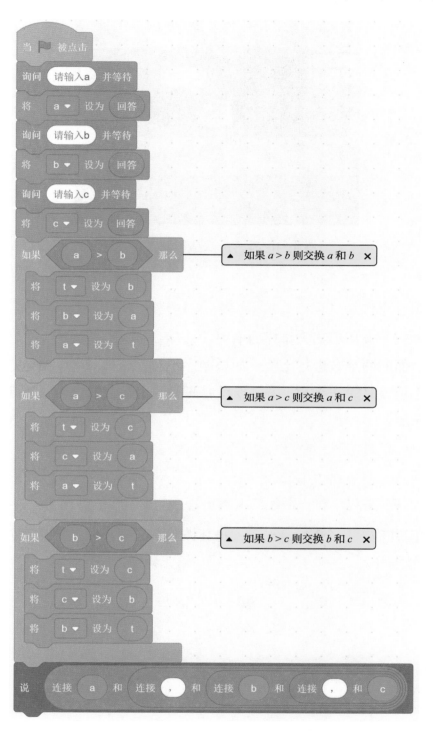

图 4-3 将三个数从小到大排序的代码

图 4-4　将三个数从小到大排序

小结

　　三个数从小到大排序时有三个步骤：前两步是将第一个数分别与后面的两个数进行比较，如果顺序不对就交换二者，经过这两步，最小值就是第一个数；第三步将后面的两个数进行比较，确定最终的顺序。

实战 20　设计一个程序将三个数从大到小排序

【要求】询问并输入三个数 a，b，c，将其按照从大到小的顺序排序并输出，以逗号隔开。

第二十三节　冒泡排序

学习目标

冒泡排序（Bubble Sort），是一种基于比较的交换排序。

本节学习在 Scratch 中设计冒泡排序的程序。

基本原理

1. 冒泡排序的操作步骤

（1）比较相邻的元素。

（2）如果相邻元素顺序与要求不符，则交换其顺序。

（3）重复上面两个步骤，直到所有元素被处理，完成排序。

2. 简单举例

想象一下体育课排队的场景，对已经站成一排的学生，老师要用冒泡排序，按照身高，从高到低进行排队。

将学生们按照站队的顺序编号，从第一个学生开始，老师先比较一号与二号的身高，如果一号比二号低，则交换二者的位置，否则什么也不做。接下来，老师按照同样的规则，比较二号与三号，三号与四号……直到最后一个学生。经过这一轮的比较，个子最低的学生排在了最后的位置。第一轮的比较就完成了。

可以发现，个子最低的学生，无论一开始站在哪个位置，经过上面一轮的比较，一定会站到最后位置，就像水中一个气泡一层一层地浮上了水面，这就是冒泡排序名称的由来。

假如总共有 n 个学生，第一轮比较了多少次呢？

$$n-1 \text{ 次}$$

个子最低的学生已经有了自己的位置，接下来，老师需要对剩下的 $n-1$ 个学生继续排序。第二轮排序仍然从一号学生开始，采取同样的方式比较和交换，

目的是将个子次低的学生排到倒数第二的位置上。

第二轮排序的人数是 n-1 位，比较的次数是 n-2 次。

可以发现，每一轮的比较次数，是与轮次有关系的，即（n- 轮次）次。

将每个位置用变量"序号"来表示，每次参与比较的就是"第（序号）个元素"与"第（序号 +1）个元素"，总共比较的轮次是 n-1 轮。

3. 实例透析

假设有五个数，初始排列顺序是 4 8 2 1 6，用冒泡排序，从大到小将这五个数重新排序。

第一轮：目标是将所有元素中的最小值排到最后面，操作步骤如表 4-2 所示。

注意：用下画线连接的两个红色的数是每轮需要比较的数，绿色表示这一轮排序后的结果，蓝色是指排好的数，也就是泡泡。

表 4-2 冒泡排序的第一轮

排 序					步 骤
4	8	2	1	6	4 与 8 比较，交换位置
8	4	2	1	6	4 与 2 比较，不交换
8	4	2	1	6	2 与 1 比较，不交换
8	4	2	1	6	1 与 6 比较，交换位置
8	4	2	6	1	四次比较后的结果，最小值 1 排到了末尾

第二轮：目标是找到剩余四个数中的最小值，排到这四个数的最后面，操作步骤如表 4-3 所示。

表 4-3 冒泡排序的第二轮

排 序					步 骤
8	4	2	6	1	8 与 4 比较，不交换
8	4	2	6	1	4 与 2 比较，不交换
8	4	2	6	1	2 与 6 比较，交换位置
8	4	6	2	1	三次比较后的结果，最小的两个数 2 和 1 排到了末尾

第三轮：目标是找到剩余三个数中的最小值，排到这三个数的最后面，操作步骤如表4-4所示。

表4-4 冒泡排序的第三轮

排 序					步 骤
<u>8</u>	4	6	2	1	8和4比较，不交换
8	<u>4</u>	6	2	1	4和6比较，交换位置
8	6	4	2	1	两次比较后的结果

第四轮：目标是找到剩余两个数中的最小值，排到这两个数的最后面，操作步骤如表4-5所示。

表4-5 冒泡排序的第四轮

排 序					步 骤
<u>8</u>	6	4	2	1	8和6比较，不交换
8	6	4	2	1	排序结束，得到最终结果

通过上面的四轮排序可以发现，对于五个元素的排序，共进行了（5-1）轮比较，每一轮的比较次数是（5-轮次）次。对于 n 个元素，要进行（n-1）轮比较，每轮比较（n-轮次）次。所以，可以新建两个循环变量"轮次"和"序号"，通过一个双重的嵌套循环来完成冒泡排序。

任务28 用冒泡排序将列表中的数从大到小排序

询问并输入一个正整数 n，将 n 个 1 ～ 100 之间的数随机放入列表中，并使用冒泡排序对列表中的数从大到小排序。

实现步骤

1. 新建列表和变量

（1）列表 a：用于存放所有元素。

（2）变量 n：代表元素的个数。

（3）变量"轮次"：代表是第几轮的比较，外层循环变量。

（4）变量"序号"：代表元素在列表中的序号，内层循环变量。

（5）变量 temp：在变量交换时临时存放数据。

2. 定义列表 a

将 n 个随机元素加入列表 a 中，如图 4-5 所示。

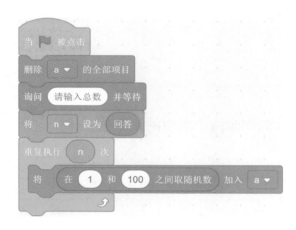

图 4-5　将 n 个随机元素加入列表 a 中

3. 比较相邻元素

比较相邻元素是冒泡排序的核心之一。

列表 a 中 的 一 个 元 素 为 a 的第 序号 项，与 之 相 邻 的 元 素 为 a 的 序号 ＋ 1 项。如果前一项小于后一项，则交换它们的值，判断相邻元素大小及交换的代码，如图 4-6 所示。

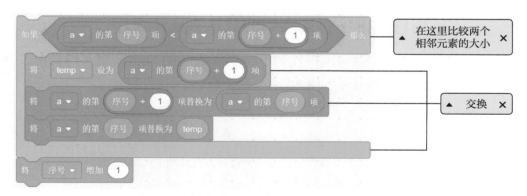

图 4-6　判断相邻元素大小及交换的代码

4. 设计双重嵌套循环结构

双重嵌套循环结构是冒泡排序的另一个核心。

外层循环为轮次，共循环（n-1）轮，循环条件为 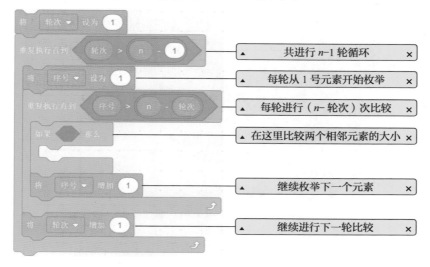；内层

循环为比较次数，共循环（n- 轮次）次，循环条件为 。

冒泡排序的双重嵌套循环结构，如图 4-7 所示。

图 4-7　冒泡排序的双重嵌套循环结构

流程图

冒泡排序的流程图，如图 4-8 所示。

代码总览

冒泡排序的代码，如图 4-9 所示，定义列表 a 的代码见图 4-5。

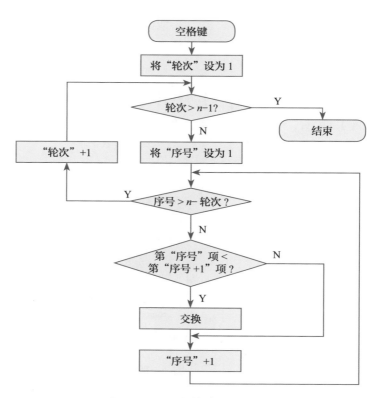

图 4-8　冒泡排序的流程图

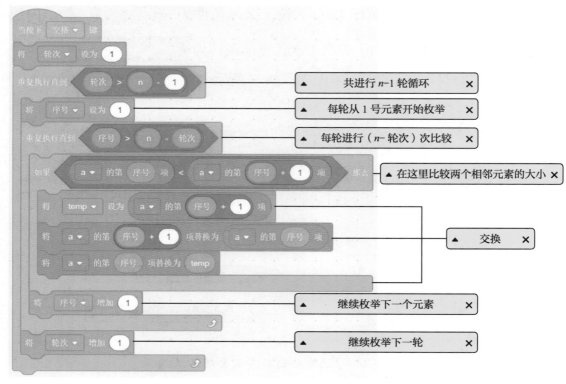

图 4-9 冒泡排序的代码

执行结果

单击 🏴 按钮，启动程序。输入 n 的值为 5，列表的初始状态如图 4-10 （a）所示，单击空格键，列表经冒泡排序后的状态如 4-10（b）所示。

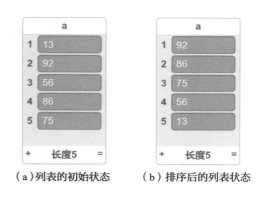

（a）列表的初始状态　　（b）排序后的列表状态

图 4-10 冒泡排序的列表状态

小结

冒泡排序的核心思想是对相邻元素的比较和交换，其程序结构是一个双重嵌套循环，外层循环（$n-1$）轮，内层循环（$n-$ 轮次）次。

实战 21 用冒泡排序将列表中的数从小到大排序

【要求】询问并输入一个正整数 n，将 n 个 $1 \sim 100$ 之间的数随机放入列表中，使用冒泡排序对列表中的数从小到大排序，并统计元素交换的次数。

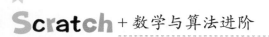

第二十四节　选择排序

选择排序（Selection Sort），是一种基于比较的排序算法。

本节学习在 Scratch 中设计选择排序的程序。

1. 选择排序的操作步骤

（1）在未排序的序列中找到最大（小）元素，放置在起始位置。

（2）在剩余未排序序列中找到最大（小）的元素，放置在已排序序列的末尾。

（3）重复步骤（2），直至所有元素排序完毕。

选择排序的算法与第二十二节"三个数的简单排序"的算法有些类似，第二十二节介绍的排序就是选择排序的思路。

按照第二十二节的方法，起始元素会依次与后面的所有元素进行比较，如果大小不符合要求则交换二者，如果序列较长，交换的次数就会增加。如果优化一下程序，保证每一轮的比较只交换一次元素位置，则可以提高效率。这个方法就是每轮比较都记录下最值的位置，只交换起始元素和最值元素的值即可。

2. 简单举例

想象一下体育课排队的场景，对于已经站成一排的学生，老师将用选择排序来实现从高到低的排序。

为了减少交换次数，老师准备了一个牌子，这个牌子用来表示无序序列中身高最高学生的位置。

第一轮：老师先把牌子交给第一个学生，代表暂时的最高，接着从第二个学生开始，每一个学生都与拿牌子的学生进行比较，如果更高，就将牌子交给更高的学生，直到所有人比较完毕，此时，拿着牌子的学生就是这一轮所有人中身高最高的那个，然后，将他与第一个学生交换位置。

经过了第一轮的比较，最高的学生就到了最前面的位置，完成了一次选择排序。假设总共有 n 个学生，这一轮比较的次数，即循环次数，是 $n-1$ 次。

第二轮：从第二个学生开始，对剩余无序元素继续进行同样的操作，找出最高者与第二个位置交换。

每一轮的比较，都有一个最高值被选择出来，排到所排序序列的前面，无序序列元素的个数递减，因此总共需要 $n-1$ 轮循环，每一轮的比较（循环）次数则是（$n-$ 轮次）次。

3. 实例透析

假设有五个数，初始排列是 4 8 2 1 6，用选择排序法，从大到小进行排序。新建一个变量 k 来代表最大值所在的序号。

第一轮：目标是找到最大值的序号，并将最大值与最前面的值交换。先将 k 初始化设为 1，指定第一个元素为临时的最大值，选择排序的第一轮如表 4-6 所示。

注意：绿色代表已经排序的部分，红色代表 k 的位置。

表 4-6　选择排序的第一轮

序号 1	序号 2	序号 3	序号 4	序号 5	步　骤
4	8	2	1	6	初始状态，$k=1$
4	8	2	1	6	8 与 4 比较，8 更大，$k=2$
4	8	2	1	6	2 与 8 比较，8 更大，$k=2$
4	8	2	1	6	1 与 8 比较，8 更大，$k=2$
4	8	2	1	6	6 与 8 比较，8 更大，$k=2$
8	4	2	1	6	8 与 4 交换，第一轮结束，最大值 8 排到了最前面

第二轮：目标是在剩余四个元素中找到最大值，并与这四个元素中最前面的值交换，选择排序的第二轮如表 4-7 所示。

表 4-7　选择排序的第二轮

序号 1	序号 2	序号 3	序号 4	序号 5	步　骤
8	4	2	1	6	初始状态，$k=2$

序号1	序号2	序号3	序号4	序号5	步　骤
8	4	2	1	6	2 与 4 比较，4 更大，k=2
8	4	2	1	6	1 与 4 比较，4 更大，k=2
8	4	2	1	6	6 与 4 比较，6 更大，k=5
8	6	2	1	4	6 与 4 交换，第二轮结束，次大值来到了第 2 个位置

第三轮：继续在剩余三个元素中找到最大值，并与这三个元素最前面的值交换，选择排序的第三轮如表 4-8 所示。

表 4-8　选择排序的第三轮

序号1	序号2	序号3	序号4	序号5	步　骤
8	6	2	1	4	初始状态，k=3
8	6	2	1	4	1 与 2 比较，2 更大，k=3
8	6	2	1	4	4 与 2 比较，4 更大，k=5
8	6	4	1	2	4 与 2 交换，第三轮结束

第四轮：在剩余两个元素中找到最大值，放在二者前面，选择排序的第四轮如表 4-9 所示。

表 4-9　选择排序的第四轮

序号1	序号2	序号3	序号4	序号5	步　骤
8	6	4	1	2	初始状态，k=4
8	6	4	1	2	2 与 1 比较，2 更大，k=5
8	6	4	2	1	2 与 1 交换，排序结束

通过上面的四轮排序可以发现，对于 n 个元素的选择排序，共进行（$n-1$）轮，每轮进行（$n-$ 轮次）次比较。

因此，可以新建两个循环变量"轮次"和"序号"，通过一个双重嵌套循环来完成选择排序，再新建变量 k 存放每轮最大值所在的位置。

每一轮开始，先将 k 设置为"轮次"，即这一轮最前面的位置，将"序号"设为"轮次 +1"，即后面的一个位置，在循环中比较"序号"位置的值与"k"位置值的大小,调整 k 的位置,并将序号加 1 后进行下一次循环。每轮比较结束后，判断 k 与"轮次"是否相同，如果不同，则交换二者位置上的值，然后进行下一轮的循环。

▶ 任务 29 用选择排序将 n 个数从大到小排序

询问并输入一个正整数 n，将 n 个 $1 \sim 100$ 之间的数随机放入列表中，并使用选择排序，对列表里的数从大到小排序。

实现步骤 ✿

1. 新建列表和变量

（1）列表 a：用于存放所有元素。

（2）变量 n：代表元素的个数。

（3）变量"轮次"：外层循环变量，代表是第几轮的比较。

（4）变量"序号"：内层循环变量，代表元素在列表中的序号。

（5）变量 k：用于存放每轮最大值的位置。

（6）变量 temp：在变量交换位置时临时存放数据。

2. 定义列表 a

将 n 个随机元素加入列表 a 中，如图 4-11 所示。

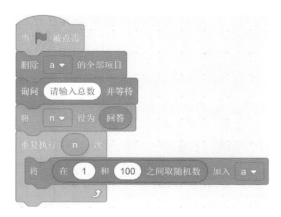

图 4-11 将 n 个随机元素加入列表 a 中

3. 设计双重嵌套循环结构

外层循环的次数为"轮次"，共循环 $n-1$ 轮。内层循环的第一轮循环 $n-1$ 次，第二轮循环 $n-2$ 次，所以第"轮次"轮循环（$n-$轮次）次。

选择排序的双重嵌套循环结构，如图 4-12 所示。

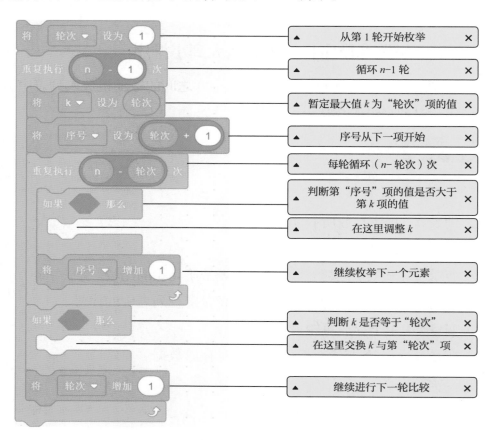

图 4-12　选择排序的双重嵌套循环结构

4. 调整 k

在内层循环中，如果第"序号"项的值大于第 k 项的值，则将 k 设为"序号"，目的是获得最大值的位置，如图 4-13 所示。

图 4-13　获得最大值的位置

5. 交换第 k 项与第"轮次"项的值

对于每一轮的比较，最前面的元素序号就是"轮次"，所以当每一轮结束后，如果第 k 项与第"轮次"项的值不相同，则交换第 k 项与第"轮次"项的值，如图 4-14 所示。

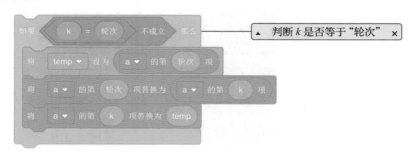

图 4-14 交换第 k 项与第"轮次"项的值

流程图

选择排序的流程图，如图 4-15 所示。

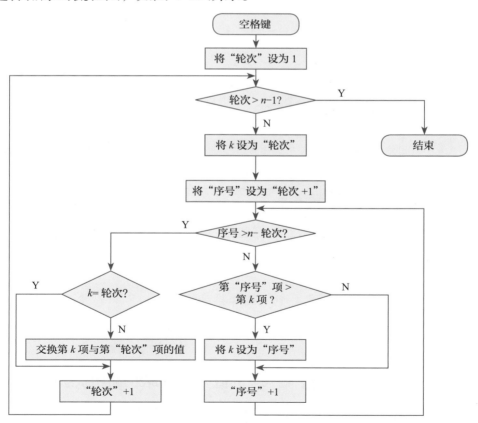

图 4-15 选择排序的流程图

代码总览

选择排序的代码如图 4-16 所示，定义列表 *a* 的代码见图 4-11。

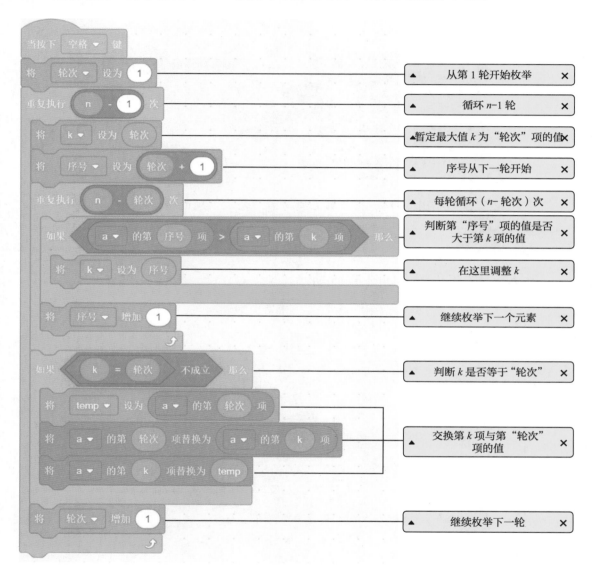

图 4-16　选择排序的代码

执行结果

单击 🚩 按钮，启动程序。输入 *n* 的值为 5，列表的初始状态如图 4-17（a）所示，单击空格键，列表经选择排序后的状态如图 4-17（b）所示。

（a）列表的初始状态

（b）排序后的列表状态

图 4-17 选择排序的列表状态

小结

　　选择排序是用一个双重嵌套循环结构实现的，外层循环为轮次，对于 n 个数的排序，需要循环 $n-1$ 轮；内层循环的循环次数为（$n-$轮次）次，其目的是在未排序序列中找到最大值及其序号，在内层循环结束后如果最大值不是未排序序列最前面的值，则将这个最大值与未排序序列最前面的值互换。

　　选择排序和冒泡排序的相同点：

　　（1）都是基于比较的排序。

　　（2）都是双重嵌套循环结构。

　　（3）每一轮循环的目标都是把最大（小）值放到序列的最前（后）方。

　　选择排序和冒泡排序的不同点：

　　（1）冒泡排序比较的是相邻元素，选择排序则是所有元素依次与最值进行比较。

　　（2）每一轮循环冒泡排序可能有多次数据交换，选择排序则只有一次，即最前方数据与最值的交换。

第二十五节　桶排序

学习目标

桶排序（Bucket Sort），也称箱排序，是一种不基于比较的排序算法。冒泡排序和选择排序，都是通过序列元素之间的比较来实现的，桶排序则是一种新的思想，不去比较元素的大小，而是基于映射进行排序。

本节学习在 Scratch 中设计桶排序的程序。

基本原理

1. 桶排序的操作步骤

（1）根据数值范围新建列表"桶"并清零。

（2）枚举所有元素，根据元素的值映射到对应的桶中。

（3）按顺序枚举所有的桶，输出有映射的桶的编号，完成排序。

2. 简单举例

某次考试成绩出来了，老师要按照从高到低的顺序来排序，本次考试是五分制，分数从一分到五分（为便于理解，在使用 Scratch 的列表时不设零分），有六个学生成绩分别为 4，3，5，2，5，2，排序后的结果应该是 5，5，4，3，2，2。

六个学生的成绩依次放在一个列表中。

对于冒泡排序和选择排序来说，是直接对这个列表进行排序和输出的，桶排序则要新建一个列表，这就是所谓的"桶"。

准备五个桶，依次给它们编号为 1 ～ 5，代表分数为 1 ～ 5 分。每个桶里的值代表其编号所对应分数的个数，初始桶是空的，所以值都为 0，表示每个分数的人数为 0。准备五个桶进行编号并清零，如图 4-18 所示。

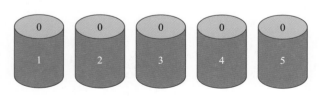

图 4-18　准备五个桶进行编号并清零

将分数根据分值放入相应编号的桶中，第一个学生是4分，把4号桶的值增加1，表示4分的桶里已经有一个分数。继续放入其他分数，把所有分数放入桶中，如图4-19所示。

图4-19　把所有分数放入桶中

在图4-19中，1分的学生有0个；2分的有2个；3分和4分的各有1个；5分的有2个。最后，按照桶的编号从大到小排列，判断如果桶中的值不为零，就把桶的编号输出，输出的次数等于桶的值，即编号所对应分数的个数，输出如下：

5号桶的值是2，表示有2个5分，输出5和5；

4号桶的值是1，表示有1个4分，输出4；

3号桶的值是1，表示有1个3分，输出3；

2号桶的值是2，表示有2个2分，输出2和2；

1号桶的值是0，表示没有1分的成绩，不输出。

输出结果：5，5，4，3，2，2，排序结束。

3.桶排序的本质

桶排序的本质在于这些桶的编号已经有了大小顺序，剩下要做的就是把分数对应桶的编号进行统计，最后的输出值是桶的编号，而桶中的值则代表这个编号应该输出的个数，顺序输出是从小到大排序，逆序输出则是从大到小排序。在Scratch中，这些桶可以用列表来实现。

▶ 任务30　用桶排序将 n 个数从大到小排序

询问并输入一个正整数 n，将 n 个1～5之间的随机数放入列表中，单击空格键，用桶排序将 n 个数从大到小排序。因为排序结果也在列表中，所以程序需要两个列表——"成绩"和"桶"。

实现步骤 ✿

1.新建列表和变量

（1）列表"成绩"：用于存放需要排序的分数。

（2）列表"桶"：排序使用的桶。

（3）变量 n：需要排序的元素个数。

（4）变量 i：访问列表元素时使用的循环变量。

2. 定义列表 a

将 n 个 $1 \sim 5$ 之间的随机元素加入列表"成绩"中，如图 4-20 所示。

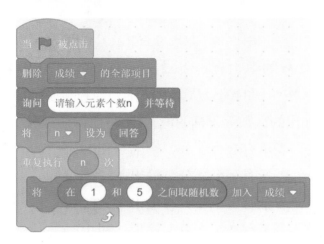

图 4-20 将 n 个随机数加入列表"成绩"中

3. 初始化"桶"

因为分数的范围是 $1 \sim 5$ 分，所以要准备五个桶并全部清零，代码如图 4-21 所示。

执行图 4-21 的代码后，列表"桶"的初始状态，如图 4-22 所示，此时的列表有五项，值均为 0，表示所有分值的个数也都为 0。

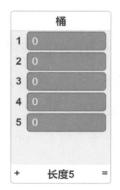

图 4-21　准备五个桶并全部清零　　图 4-22　列表"桶"的初始状态

4. 放桶

放桶指令是程序的关键，是为了将列表"成绩"的第 i 项放入桶内，也就是说，i 的值是几，就将几号桶的值增加 1，放桶指令如图 4-23 所示。

图 4-23 放桶指令

5. 重建列表"成绩"

放桶完成后，因为是按分数从高到低排序的，所以要从后往前枚举列表"桶"的各项，如果此项的值不为 0，则循环此项的值次（如果这一项的值是 3，就循环 3 次），将列表的编号加到列表"成绩"中，即可实现排序数据的输出。重建列表"成绩"的代码，如图 4-24 所示。

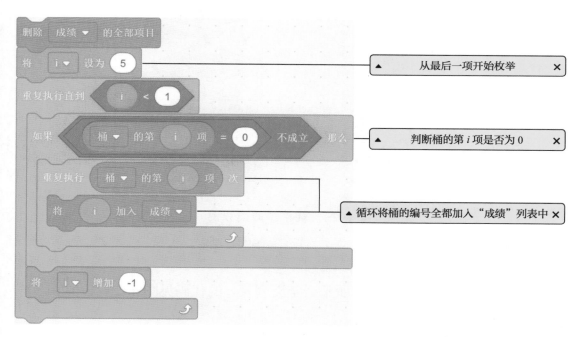

图 4-24 重建列表"成绩"

流程图

桶排序的流程图，如图 4-25 所示。

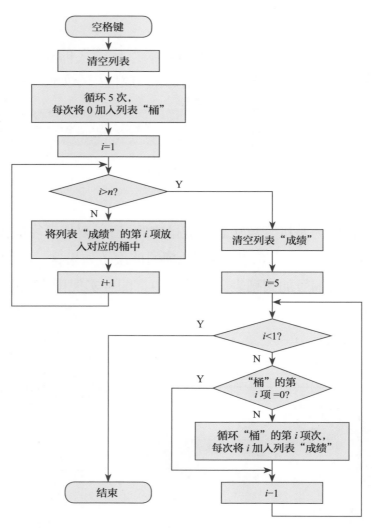

图 4-25 桶排序的流程图

代码总览

桶排序的代码，如图 4-26 所示，定义列表 a 的代码见图 4-20。

执行结果

单击 ▶ 按钮，启动程序。输入 n 的值为 6，列表的初始状态如图 4-27 所示，单击空格键，选择排序后的列表状态如 4-28 所示。

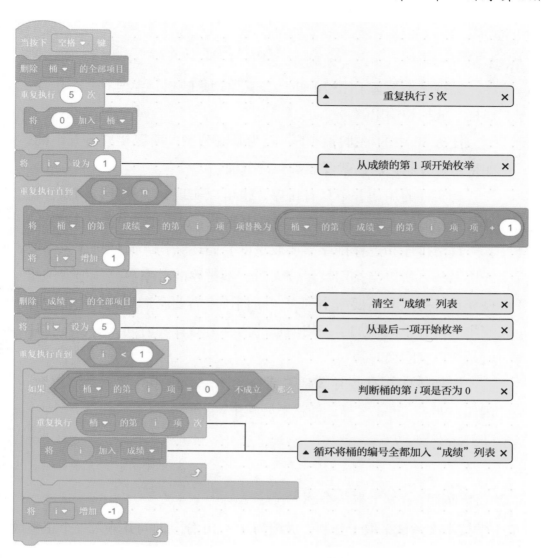

图 4-26　桶排序的代码

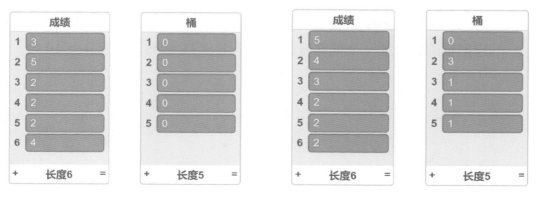

图 4-27　列表的初始状态　　　　图 4-28　桶排序后的列表状态

ratch＋数学与算法进阶

小结

桶排序不是基于比较的排序，其原理是映射，主要有三个步骤：建桶、放桶和输出。

任务 30 中的桶排序例子，因为是五分制，所以要准备五个桶，如果是百分制，那么就要准备一百个桶。

其实桶的用途并不只有排序，也可以实现分类统计，例如，统计各个分值的人数，统计英文文章中各个字母出现的次数，等等。

冒泡排序和选择排序需要双重嵌套循环结构，而桶排序只需要一层循环，所以当排序数量较大时，桶排序的效率更高。但冒泡排序和选择排序只需要一个列表，而桶排序需要两个列表，使得编程使用的内存空间增加了，用增加的内存节省计算时间，所以桶排序就是"以空间换时间"。

但桶排序在有些时候是不适合的，假设排序的数据是浮点数，例如，90.5，28.375 等，桶就不好建了。

实战 22　用桶排序将 n 个数从小到大排序

【要求】学校本次考试采取十分制，成绩为 0 ～ 10 分。询问并输入一个正整数 n，生成 n 个 0 ～ 10 之间的随机数放入列表"成绩"中，用桶排序对列表"成绩"中的数从低到高排序。

【提示】因为 Scratch 的列表编号是从 1 开始的，对应 1 分，要做 0 分的排序，应把桶的编号加一个偏移量，也就是 1 ～ 11 号桶，对应 0 ～ 10 分。

132

第五章
探索篇

玩个小游戏，随便说一个三位数，但三个数位不能完全相等，用它来变一个魔术。假设这个三位数是279。组成这个数的三个数位是2，7，9，将其重新排列得到的最大值是972，最小值是279，二者相减，972-279=693。继续进行同样的操作，猜猜结果如何？

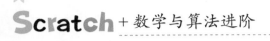
第二十六节　角古猜想

学习目标

角古猜想，也称冰雹猜想，是 20 世纪曾经风靡世界的一个数学游戏，由一位叫角古的日本人传到中国。以一个正整数 n 为例，如果 n 为奇数，则将它乘 3 再加 1；如果 n 为偶数，则将它除以 2。不断重复这样的运算，经过有限步后，一定可以得到 1。无论怎么变化，九九归一，角古猜想真的很神奇！

本节学习在 Scratch 中展示角古猜想的演变过程。

基本原理

1. 简单举例

例如，n=5，角古猜想的演变过程如下：

5 是奇数，则 $5 \times 3 + 1 = 16$。

16 是偶数，则 $\dfrac{16}{2} = 8$。

8 是偶数，则 $\dfrac{8}{2} = 4$。

4 是偶数，则 $\dfrac{4}{2} = 2$。

2 是偶数，则 $\dfrac{2}{2} = 1$——最后得到 1。

2. 模拟程序

通过对角古猜想的描述模拟程序。输入一个正整数 n 后，做一个条件循环，循环结束的条件是 n=1，在循环中判断 n 是奇数还是偶数，并按照相应的规则改变 n 的值，如此往复，当 n=1 时，循环结束。

▶ 任务 31　设计一个程序将角古猜想的演变过程放入列表

询问并输入一个正整数 n，将角古猜想的演变过程放入列表。

实现步骤

1.新建列表和变量

（1）列表"过程"：用来存放每一步的算式。

（2）变量 n：存放输入的正整数。

2.判断奇偶数

利用指令 n 除以 2 的余数 判断 n 是奇数还是偶数，余数为 0 为偶数；余数为 1 为奇数。因为 n 不是奇数就必定是偶数，所以在循环中设置一个双分支结构来求得下一步计算的数值。在两个分支中，先将算式加入列表，算式用积木 连接 apple 和 banana 来实现，例如，连接 n 和 连接 ×3+1= 和 n * 3 + 1 ，再更改 n 的值。

流程图

角古猜想的流程图，如图 5-1 所示。

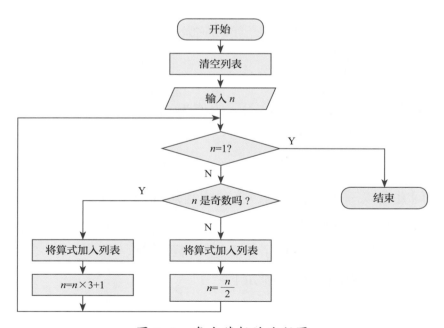

图 5-1　角古猜想的流程图

Scratch＋数学与算法进阶

代码总览

角古猜想的代码，如图 5-2 所示。

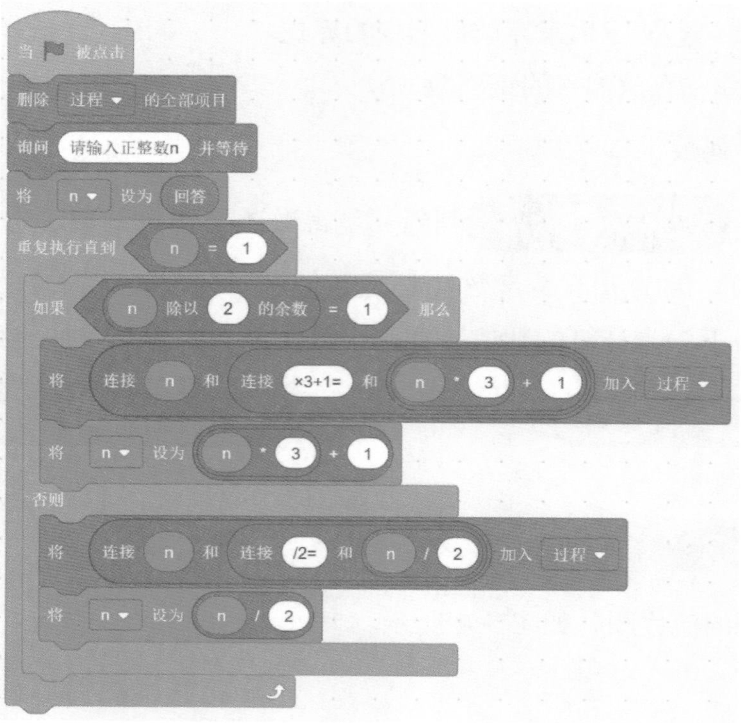

```
当 ▶ 被点击
删除 过程▼ 的全部项目
询问 请输入正整数n 并等待
将 n▼ 设为 回答
重复执行直到 n = 1
    如果 n 除以 2 的余数 = 1 那么
        将 连接 n 和 连接 ×3+1= 和 n * 3 + 1 加入 过程▼
        将 n▼ 设为 n * 3 + 1
    否则
        将 连接 n 和 连接 /2= 和 n / 2 加入 过程▼
        将 n▼ 设为 n / 2
```

图 5-2　角古猜想的代码

执行结果

单击 ▶ 按钮，启动程序。输入 *n* 的值为 5，角古猜想的演变过程，如图 5-3 所示。

实战 23　设计一个程序输出角古猜想运算步骤的总和

【要求】询问并输入一个正整数 *n*，将角古猜想的演变过程放入列表，最终输出运算步骤的总和。例如，输入 5，输出 5，即共用了 5 次运算得到 *n*=1。

【提示】*n*=5，角古猜想的演变过程如下：

$$5 \times 3+1=16$$

$$\frac{16}{2}=8 \qquad \frac{8}{2}=4 \qquad \frac{4}{2}=2 \qquad \frac{2}{2}=1$$

过程	
1	5×3+1=16
2	16/2=8
3	8/2=4
4	4/2=2
5	2/2=1
+	长度5　＝

图 5-3　角古猜想的演变过程

第二十七节　黑洞数

学习目标

黑洞数，也称陷阱数，是一类具有奇特转换特性的整数。各个数位的数字都不相等的整数，经有限次的"重排求差"操作，总会得某一个数或一些数，这些数即为黑洞数。

所谓"重排求差"，即把组成一个整数的各位数字重新排列，组成的最大数减去最小数，得到差值。

本节学习在 Scratch 中求黑洞数。

基本原理

1. 简单举例

玩个小游戏，随便说一个三位数，但三个数位上的数不能完全相同，用这个三位数来变一个魔术。假设这个三位数是 279。组成这个数的三个数位是 2，7，9，将其重排列得到的最大值是 972，最小值是 279，二者相减，972-279=693。继续进行同样的操作，过程如下：

972-279=693

963-369=594

954-459=495

954-459=495

得到 495 之后会发现，用同样的方法无论做多少次，都只能得到 495 这个数了，就好像陷入了无尽的"黑洞"，495 就是三位数的"黑洞数"。

2. 找出黑洞数的操作步骤

找出黑洞数会用到数位分离和三个数的简单排序。

当一个三位数经过重排求差的操作后数值不再变化，就意味着它是黑洞数，所以当产生的新数与原数相等时就可以结束循环，步骤如下：

（1）将三位数进行数位分离。

（2）将数位分离出的数字从大到小排序。

（3）将排序好的数字重组，形成最大值和最小值后，相减得到新的数。

（4）如果新数与原数相等，则结束循环，否则回到步骤（1）继续循环。

▶ 任务 32　设计一个程序求三位数的黑洞数

询问并输入一个三位数，在舞台中展示每一步的演变过程，最后输出三位数的黑洞数。例如，输入 139，分步输出 931-139=792，972-279=693，963-369=594，954-459=495，最后输出三位数的黑洞数：495。

实现步骤

1. 新建变量

（1）变量"新三位数"：存放输入的三位数，以及通过重排求差后产生的三位数。

（2）变量"三位数"：暂存原来的三位数。

（3）变量 a，b，c：存放分离出的各数位上的数字，并将 a，b，c 从大到小排序。

（4）变量 t：用于在交换 a，b，c 过程中暂存数据。

（5）变量 max：存放重组后的最大值。

（6）变量 min：存放重组后的最小值。

2. 数位分离

如图 5-4 所示，分离百位、十位、个位上的数字，分别放入变量 a，b，c 中。

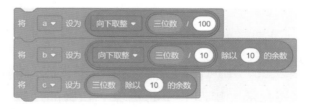

图 5-4　分离百位、十位、个位上的数字

3. 排序

将分离出的 a，b，c 从大到小排序，如图 5-5 所示。

图 5-5　将分离出的 a，b，c 从大到小排序

4. 数位重组

排序后，按 abc 的顺序重组，可以得到最大值；按 cba 的顺序重组，可以得到最小值。用 a，b，c 组成最大值和最小值的代码，如图 5-6 所示。

图 5-6　用 a，b，c 组成最大值和最小值的代码

流程图

求黑洞数的流程图，如图 5-7 所示。

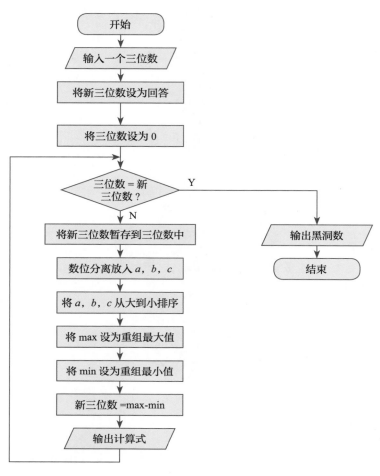

图 5-7　求黑洞数的流程图

代码总览

求黑洞数的代码，如图 5-8 所示。

执行结果

单击 按钮，启动程序。输入一个三位数 139，输出三位数的黑洞数，如图 5-9 所示。

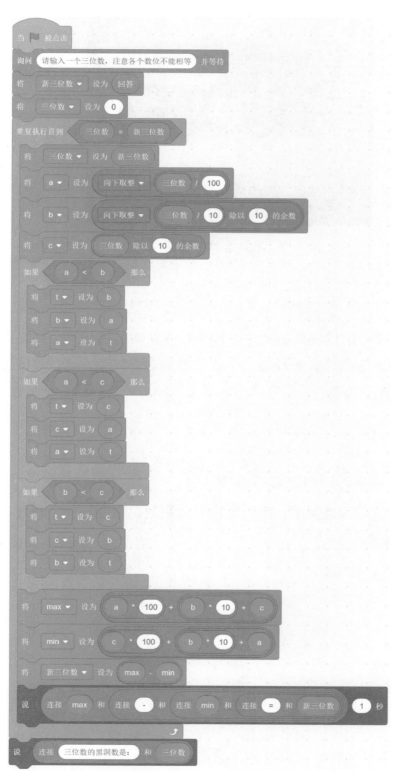

图 5-8 求黑洞数的代码

图 5-9　输出三位数的黑洞数

小结

求三位数的黑洞数，要先比较原数和新数是否相等，如果两数不相等则进入循环。循环的三个步骤分别是：数位分离、数位排序和重排求差；如果两数相等则循环结束，即意味着找到了黑洞数。

实战 24　设计一个程序求四位数的黑洞数

【要求】495 是三位数的黑洞数，四位数也有黑洞数，请编写一个程序，求四位数的黑洞数。

第二十八节　哥德巴赫猜想

学习目标

德国数学家哥德巴赫在 1742 年给瑞士数学家欧拉的信中，提出了一个猜想：任意一个大于 2 的偶数，都可以表示为两个素数之和。三百多年来无数数学家试图证明这个猜想，尽管至今还未被证明，但在我们的认知中还未发现特例。

本节学习如何在 Scratch 中展示哥德巴赫猜想的部分结果。

基本原理

1. 简单举例

任意一个大于 2 的偶数，都可以表示为两个素数之和。例如，4=2+2，6=2+3，8=3+5，…，50=3+47，等等。

2. 模拟程序

假设一个偶数 j，将其分拆成两部分：k 和 $j-k$。k 从 2 开始，判断 k 和 $j-k$ 是否同时是素数，如果是，则可以得到一个分拆方案；如果不是，就将 k 递增 1，进行循环判断，直到 $k > \dfrac{j}{2}$。

任务 33　设计一个程序将 100 以内的偶数分拆为两个素数之和

将 100 以内的偶数分拆为两个素数之和，并把算式放入列表中，每个偶数展示一种方案即可，例如，4=2+2，6=3+3，8=3+5，等等。

实现步骤

1. 新建列表和变量

（1）列表"哥德巴赫猜想"：存放偶数分拆成两个素数之和的表达式。

（2）变量 i：存放循环变量。

（3）变量 flag：用于判断 n 是否为素数。

（4）变量 j：存放 100 以内大于或等于 4 的偶数。

（5）变量 k：存放偶数 j 分拆成两个整数后较小的那个整数。

2. 自制积木 "判断素数"

对于素数的判断，可以直接调用自制积木 "判断素数"，见图 3-12。

3. 设计双重嵌套循环结构

外层循环，用变量 j 枚举每个偶数；内层循环，用变量 k 枚举 j 分拆后较小的那个整数。哥德巴赫猜想的双重嵌套循环结构，如图 5-10 所示。

4. 判断是否为素数

当满足 k 和 $j-k$ 同时是素数这个条件时，即可得到一种分拆方案，素数的判断，需要调用一次自制积木 "判断素数"，并检查变量 flag 是否为 1。素数判断部分的代码，如图 5-11 所示。

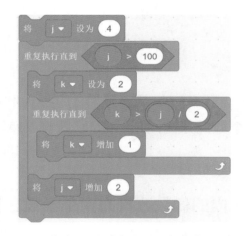

图 5-10　哥德巴赫猜想的双重嵌套循环结构　　图 5-11　判断是否为素数的代码

5. 将分拆方案的表达式放入列表

将一种分拆方案连接为表达式，并放入列表，如图 5-12 所示。

图 5-12　将分拆方案的表达式放入列表

Tips

　　有些偶数，可能有不止一种分拆方案，例如，10=3+7，10=5+5，有一种方案即可验证对于此数的猜想了，所以找到一种方案后就立即停止内层循环，进行下一个偶数的判断。

　　内层循环的条件是"$k>\dfrac{j}{2}$"，所以只要把 k 设置为任意一个比 $\dfrac{j}{2}$ 更大的数，即可结束内层循环，例如，把 k 设置为 $j+1$，这个技巧在"韩信点兵"中曾经介绍过。

流程图

　　哥德巴赫猜想主程序的流程图，如图 5-13 所示。

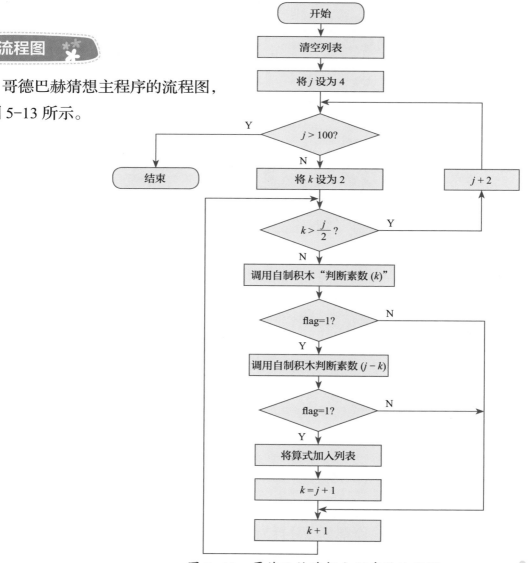

图 5-13　哥德巴赫猜想主程序的流程图

代码总览

哥德巴赫猜想的程序代码，如图 5-14 所示，自制积木"判断素数"的代码见图 3-12。

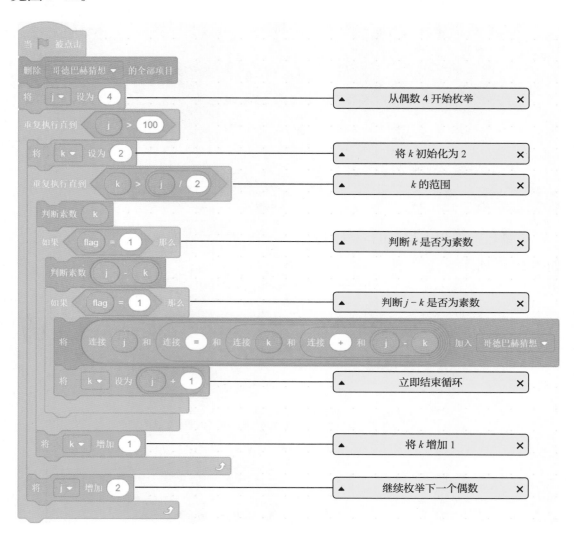

图 5-14　哥德巴赫猜想的程序代码

执行结果

单击 ▶ 按钮，启动程序。将 4 ～ 100 之间的偶数分拆为两个素数之和，并把算式放入列表"哥德巴赫猜想"中，如图 5-15 所示，可以看到，4 ～ 100 之间共有 49 个偶数，全都可以分拆为两个素数之和。

图 5-15 将 4 ～ 100 之间的偶数分拆为两个素数之和

小结

本节用程序验证了一个计数范围内的哥德巴赫猜想，使用了自制积木"判断素数"。另外还用到了一个技巧，如何立即结束一个条件循环，思路就是立即满足循环条件。

第二十九节 四方定理

四方定理，是数论中的一个定理，指所有自然数最多只用四个数的平方和就可以表示。

本节学习在 Scratch 中用平方和的形式展示任意一个自然数。

1. 简单举例

例如，$1=1^2$，$2=1^2+1^2$，$10=1^2+3^2$，$110=3^2+4^2+6^2+7^2$，一个数可能有不止一种分拆方式，例如，10 既可以分拆成 1^2+3^2，也可以分拆成 $1^2+1^2+2^2+2^2$。任何一个自然数，最多只用四个数的平方和就能表示。四方定理在数学中已经得到了证明。

2. 模拟程序

设计四方定理程序，最简单的方法就是枚举。对于一个正整数 n，枚举不大于 n 的四个数 i，j，k，m，当满足 $i^2+j^2+k^2+m^2=n$ 时，即可得到一种方案。搭建一个四层的嵌套循环，虽然很耗时，但因为枚举了所有情况，可以得到准确的结果。

注意：如果枚举了 i、j、k、m 的完整范围，会有方案的重复，例如，10 可以是 1^2+3^2，也可以是 3^2+1^2，它们其实是一种方案，因此在枚举时可以约定，i，j，k，m 的值从大到小（或从小到大），不但避免了重复方案，也减少了枚举次数。

▶ 任务 34 设计一个程序将 n 分拆成 $i^2+j^2+k^2+m^2$ 的形式

询问并输入一个自然数 n，将 n 分拆成 $i^2+j^2+k^2+m^2$ 的形式，这种形式可能有多种，将不同的形式放入列表，i，j，k，m 从大到小排列。例如，输入 10，列表中的算式为 $10=2^2+2^2+1^2+1^2$，$10=3^2+1^2+0^2+0^2$。

1. 新建列表和变量

（1）列表"算式"：存放解答出来的四方和算式。

（2）变量 i，j，k，m：存放枚举时的四个数。

（3）变量 n：存放输入的自然数。

2. 设计四层嵌套循环

假设 i 是最大的一个数，因为 n 是大于或等于 1 的整数，所以 i 要从 1 开始，在循环中递增 1，由于 $i^2 \leq n$，因此 i 只需要递增到 $\sqrt{n}$ 即可。

j 的范围要从 0 开始，因为 i^2 有可能已经等于 n 了。j 在循环中递增 1，直到 i 即可，保证 $j \leq i$。

依次推算，k 的枚举范围为 $0 \sim j$，m 的枚举范围为 $0 \sim k$。

四方定理的四重循环结构，如图 5-16 所示。

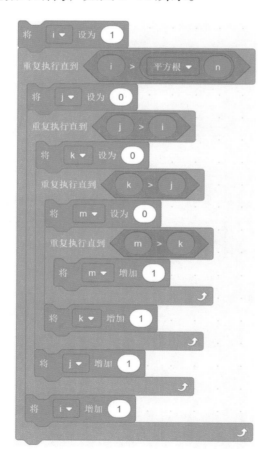

图 5-16　四方定理的四重循环结构

3. 搭建四方定理的判断式

四方定理的判断式用于判断是否能找到四个数满足条件 $i^2+j^2+k^2+m^2=n$，如

图 5-17 所示。

图 5-17　四方定理的判断式

流程图

四方定理的流程图，如图 5-18
所示。

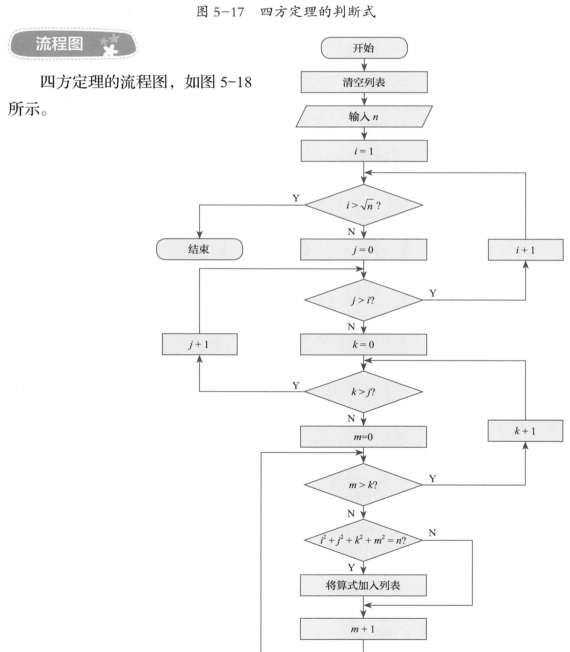

图 5-18　四方定理的流程图

代码总览

四方定理的代码，如图 5-19 所示。

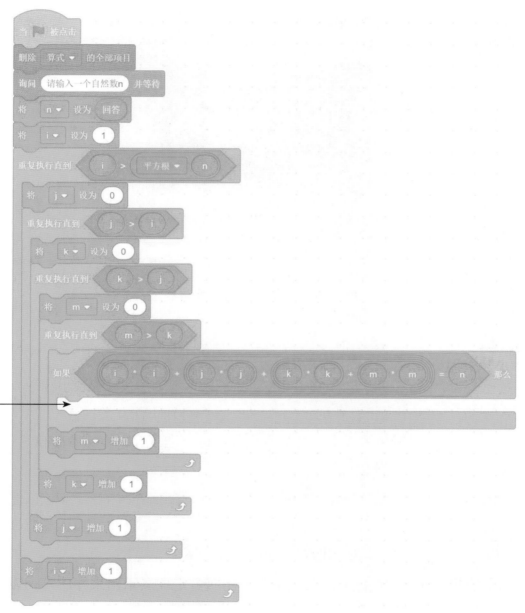

图 5-19　四方定理的代码

在这里将算式加入列表，算式为 $n=i×i+j×j+k×k+m×m$，利用字符串积木
连接 apple 和 banana 将算式连接起来，具体代码见资料包中的任务 34。

执行结果

单击 🚩 按钮，启动程序。输入 n 的值 123，四方定理的执行结果，如图 5-20 所示。

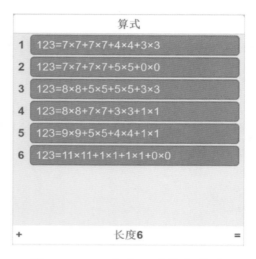

图 5-20　四方定理的执行结果

小结

（1）展示四方定理，使用了四层嵌套的循环结构，从大到小枚举 i、j、k、m 四个变量，满足 $i^2+j^2+k^2+m^2=n$ 则得到一种方案。

（2）为避免方案重复并提高程序的运行速度，可以给四个枚举变量设置一个范围。

实战 25　设计一个程序只展示四方定理的一种方案

【要求】请将 100～200 之间的每一个数，用四方定理展示出来并放入列表中，每个数只展示一种方案。

第三十节　约瑟夫问题

学习目标

约瑟夫问题（约瑟夫环），是一个著名的数学问题。据说，犹太历史学家约瑟夫斯（Josephus）和他的朋友与另外 39 个犹太人为躲避追捕逃到了一个山洞，39 个犹太人决定宁死也不要被抓到，决定采用一种自杀方式。于是 41 个人围成一圈，编成 1 到 41 号，从 1 号开始报数，报到 3 的人自杀，然后由下一个人重新报数，报到 3 的人自杀，如此循环直到所有人自杀。约瑟夫和他的朋友假装依从，他们选择了 16 号和 31 号位置，这两个位置是最后自杀的位置，于是他们逃过了这场死亡游戏。

本节学习在 Scratch 中设计一个报数游戏。

基本原理

1. 模拟游戏

将约瑟夫问题描述成一个报数游戏：将 n 个人从 1 到 n 进行编号，围成一个圆环，依次从 1 开始报数，报到 m 的人出局，剩下的人继续从 1 报数，输出先后出局之人的编号。

2. 简单举例

为方便分析，举一个例子解释这个过程，设 $n=8$，$m=3$，初始状态如图 5-21 所示。

（1）从 1 号开始报数，报到 3 时，3 号出局，此时还剩 7 个人，如图 5-22 所示。

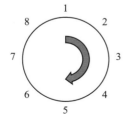

图 5-21　报数游戏的初始状态

图 5-22　第一次 3 号出局

153

（2）从 4 号继续报数 1，2，3，报到 3 时，6 号出局，还剩 6 个人，如图 5-23 所示。

（3）从 7 号继续报数 1，2，3，报到 3 时，1 号出局。再从 2 号开始报数，因 3 号已经出局不再报数，5 号出局。继续下去，直到最后一人。

所以出局的顺序为 3，6，1，5，2，8，4，7。

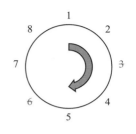

图 5-23　第二次 6 号出局

3. 模拟程序

用 Scratch 的列表存放活着的人的编号，模拟报数的过程，同时改变列表的状态。当列表中元素为空时，意味着游戏结束。以每三次报数为一轮。报数游戏的列表状态如表 5-1 所示。（每一轮删除列表中报 3 的元素，列表长度减 1，直到列表长度为 0 时结束。）

表 5-1　报数游戏的列表状态

轮次 ＼ 列表序号	1	2	3	4	5	6	7	8	出局者
初始	1	2	3	4	5	6	7	8	
1	1	2	4	5	6	7	8		3
2	1	2	4	5	7	8			6
3	2	4	5	7	8				1
4	2	4	7	8					5
5	4	7	8						2
6	4	7							8
7	7								4
8									7

▶ 任务 35　设计一个 8 人的报数游戏

按出局顺序输出报数游戏出局的人的编号，例如，共有 8 人，报 3 者出局。

实现步骤

1. 创建列表和变量

（1）列表 "活着的人"：存放还未出局的人的编号。

（2）变量 "编号"：存放列表的序号，将 "编号" +1 用来表示轮到下一个人报数。

（3）变量 "报数"：存放报的数，当 "报数" =3 时，报数的这个人会出局。

（4）变量 "出局顺序"：存放所有出局者的编号，这个变量是一个字符串，也就是最终输出的结果。

2. 初始化列表状态

如图 5-24 所示，把 8 个人的编号加入列表，表示初始状态所有人都活着。此时的列表状态如图 5-25 所示。

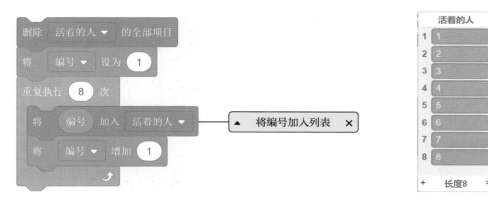

图 5-24　将 8 个人的编号放入列表　　　图 5-25　列表的初始状态

3. 设计循环结构

报数的过程是一个条件循环，什么时候结束循环呢？就是当列表长度为 0 时结束，报数游戏的循环结构如图 5-26 所示。

图 5-26　报数游戏的循环结构

4. 将列表构成环状

变量 "编号" 表示列表元素的序号，它增加 1 时，表示轮到下一个人，但列表是一个线性结构，我们要将它构成一个环状，即如果 "编号" 大于列表的最后序号时，要回到 1，可以用图 5-27 的方法，将列表构成环状。

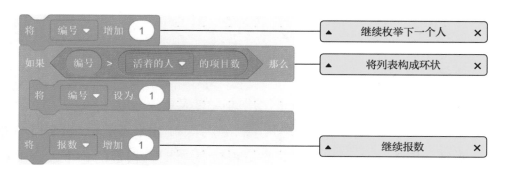

图 5-27　将列表构成环状

5. 报数

报数的方法，是将变量"报数"增加1，当"报数"=3时，就可以把编号位置的元素加入"出局顺序"中，同时删除这个元素，并将变量"报数"清零，表示下一次开始重新报数。

这里有一个问题，当删除这个编号的元素后，列表的状态发生了变化，例如，开始时元素有8个（1，2，3，4，5，6，7，8），当"编号"=3，"报数"=3时，3号出局，这个元素被删除后，列表元素有7个（1，2，4，5，6，7，8），此时"编号"仍为3，如果立即重新报数，由于后面4～8集体往前移了一位，4到了上一个3出局的位置，这个位置要再报一次数，否则会导致7号出局，而不是6号，这就会出现错误。所以，删除一个元素后，应将"编号"回退1，如果"编号"回退后的值为0，应将其设置为列表的末尾序号。报数为3时的处理方式，如图5-28所示。

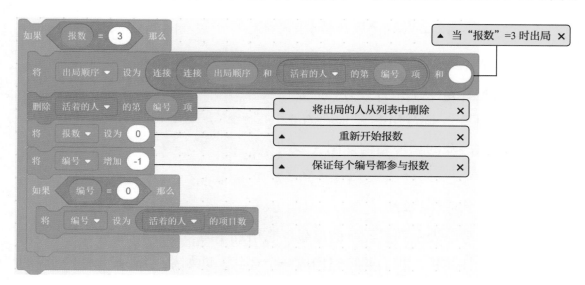

图 5-28　报数为 3 时的处理方式

流程图 ✳✳

报数游戏的流程图，如图 5-29 所示。

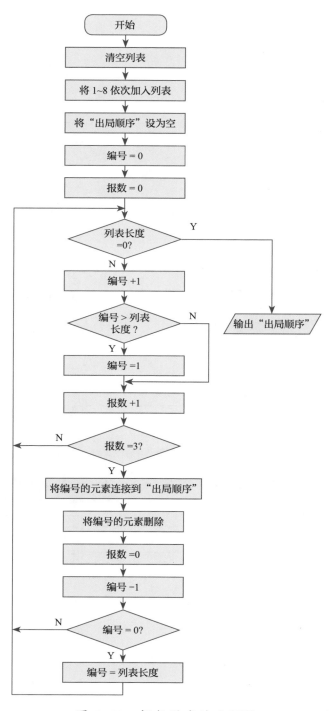

图 5-29 报数游戏的流程图

Scratch ＋数学与算法进阶

代码总览

报数游戏的代码，如图 5-30 所示。

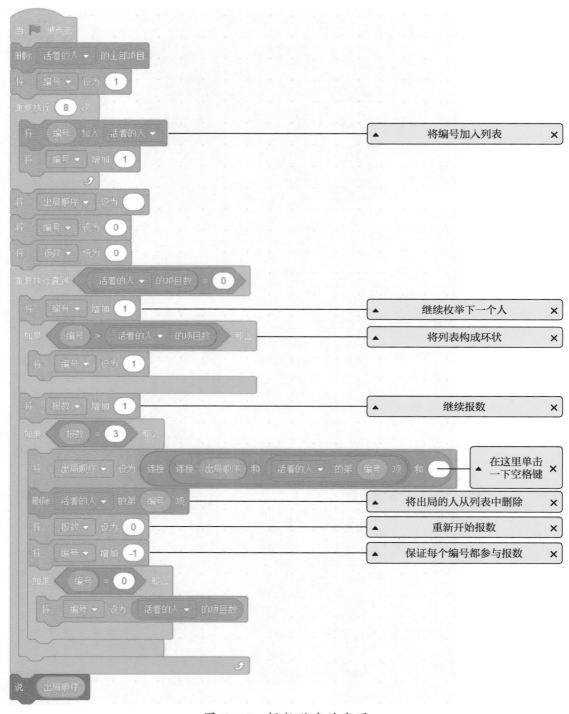

图 5-30　报数游戏的代码

执行结果

单击 ![旗帜] 按钮，启动程序。输出报数游戏的执行结果，如图 5-31 所示。

图 5-31 输出报数游戏的执行结果

小结

用列表和模拟法完成了约瑟夫问题（报数游戏）的过程，仔细体会如何将列表构成环状，如何报数，以及如何处理细节。

实战 26 设计一个任意人数的报数游戏

【要求】询问并输入两个整数——n 和 m，完成对总共 n 人，报到 m 者出局的程序设计。